Processamento digital de imagens de sensoriamento remoto para análise ambiental e geográfica

Processamento digital de imagens de sensoriamento remoto para análise ambiental e geográfica

Marcelo Gonçalves

Rua Clara Vendramin, 58 . Mossunguê . CEP 81200-170 . Curitiba . PR . Brasil
Fone: (41) 2106-4170 . www.intersaberes.com . editora@intersaberes.com

Conselho editorial
Dr. Alexandre Coutinho Pagliarini
Dr.ª Elena Godoy
Dr. Neri dos Santos
M.ª Maria Lúcia Prado Sabatella

Editora-chefe
Lindsay Azambuja

Gerente editorial
Ariadne Nunes Wenger

Assistente editorial
Daniela Viroli Pereira Pinto

Preparação de originais
Fabrícia E. de Souza

Edição de texto
Caroline Rabelo Gomes
Novotexto

Capa
Charles L. da Silva (*design*)
Voran/Shutterstock (imagem)

Projeto gráfico
Mayra Yoshizawa (*design*)
ildogesto e MimaCZ/
Shutterstock (imagem)

Diagramação
Charles L. da Silva

Equipe de *design*
Charles L. da Silva
Luana Machado Amaro

Iconografia
Maria Elisa Sonda
Regina Claudia Cruz Prestes

Dados Internacionais de Catalogação na Publicação (CIP)
(Câmara Brasileira do Livro, SP, Brasil)

1ª edição, 2023.

Foi feito o depósito legal.

Informamos que é de inteira responsabilidade do autor a emissão de conceitos.

Nenhuma parte desta publicação poderá ser reproduzida por qualquer meio ou forma sem a prévia autorização da Editora InterSaberes.

A violação dos direitos autorais é crime estabelecido na Lei n. 9.610/1998 e punido pelo art. 184 do Código Penal.

Gonçalves, Marcelo
    Processamento digital de imagens de sensoriamento remoto para análise ambiental e geográfica / Marcelo Gonçalves. -- Curitiba : Intersaberes, 2023.
    Bibliografia.
    ISBN 978-65-5517-131-0

    1. Processamento de imagens – Técnicas digitais 2. Sensoriamento remoto I. Título.

22-113604   CDD-621.3678

Índices para catálogo sistemático:
1. Processamento digital de imagens : Sensoriamento remoto : Aplicação : Metodogias : Tecnologia   621.3678

Eliete Marques da Silva - Bibliotecária - CRB-8/9380

Sumário

Apresentação | 7
Como aproveitar ao máximo este livro | 9

1. Fundamentos de sensoriamento remoto | 13
    1.1 A história do sensoriamento remoto | 16
    1.2 Princípios físicos do sensoriamento remoto | 23
    1.3 Plataformas e sistemas sensores | 30
    1.4 Características da imagem | 37

2. Interpretação de imagens de sensoriamento remoto | 49
    2.1 Comportamento espectral dos alvos | 51
    2.2 Pré-processamento de imagens de sensoriamento remoto | 58
    2.3 Realce de contraste | 66
    2.4 Análise visual das imagens | 78

3. Processamento de imagens | 87
    3.1 Operações aritméticas | 89
    3.2 Filtragem | 92
    3.3 Transformações | 97
    3.4 Índices espectrais | 102

4. Visualização e processamento de imagens coloridas | 109
    4.1 Modelos de cores | 111
    4.2 Composição falsa cor | 116
    4.3 Transformações em espaços de cores | 118

5. Classificação de imagens | 125
   5.1 Classificação não supervisionada de imagens | 128
   5.2 Classificação supervisionada de imagens | 133
   5.3 Segmentação de imagens | 139
   5.4 Pós-classificação de imagens | 141
6. Aplicação do processamento digital de imagens em estudos ambientais | 147
   6.1 Sensoriamento remoto e sistema de informações geográficas | 149
   6.2 Estudo de caso: PDI aplicado ao estudo da vegetação e diagnóstico de matas ciliares | 154
   6.3 Estudo de caso: PDI aplicado ao estudo da paisagem urbana | 163
   6.4 Estudo de caso: PDI aplicado ao estudo da água | 170

Considerações finais | 179
Referências | 181
Bibliografia comentada | 187
Respostas | 189
Sobre o autor | 195

Apresentação

Nas últimas décadas, as questões ambientais, territoriais, de controle e de regulamentação do uso do solo se tornaram o centro de discussões técnicas, políticas e científicas ao redor do mundo, especialmente após evidências científicas de que as alterações da cobertura vegetal são fatores que interferem diretamente nas mudanças da dinâmica climática global.

Ao longo do tempo, o monitoramento das mudanças na cobertura da terra e dos padrões de uso do solo tem trazido importantes avanços com o surgimento e a evolução de técnicas de imageamento por sensoriamento remoto, em especial o orbital.

Nesse sentido, é importante dominar algumas técnicas de processamento digital de imagens (PDI) de sensoriamento remoto, pois isso pode auxiliar em pesquisas, estudos e trabalhos técnicos multidisciplinares e interinstitucionais.

Portanto, o objetivo deste livro é apresentar os principais pressupostos teóricos e metodológicos do processamento digital de imagens de sensoriamento remoto, alguns conceitos básicos e fundamentos de sensoriamento remoto e geoprocessamento, além de estudos de caso que demonstrem a aplicação de técnicas e procedimentos.

No primeiro capítulo, veremos os fundamentos do sensoriamento remoto, apresentando um breve histórico e princípios físicos. Destacamos a abordagem da radiação eletromagnética, do espectro eletromagnético e da radiometria, bem como um detalhamento das principais plataformas e sistemas sensores e dos aspectos das imagens de sensoriamento remoto.

No segundo capítulo, traremos um pouco dos conceitos de interpretação de imagens de sensoriamento remoto, como o comportamento espectral dos alvos, o pré-processamento de imagens de sensoriamento remoto, o realce de imagens e suas operações de contrastes e alguns aspectos da análise visual das imagens.

No terceiro capítulo, abordaremos o processamento de imagens, começando pelas operações aritméticas, passando pelas técnicas de filtragem e transformações e finalizando com os índices espectrais.

No quarto capítulo, o assunto será o processamento de imagens coloridas, com o entendimento dos modelos de cores, da composição de imagens com falsa cor e das transformações em espaços de cores.

No quinto capítulo, iremos detalhar a classificação de imagens: aspectos das classificações não supervisionada e supervisionada, classificações pixel a pixel ou por regiões, segmentação de imagens e pós-classificação.

Por fim, o sexto capítulo abordará a aplicação do processamento digital de imagens em estudos de caráter ambiental e territorial, contextualizando a complementariedade entre o sensoriamento remoto e os sistemas de informações geográficas com estudos de caso de vegetação e diagnóstico de matas ciliares, da paisagem urbana e da água.

Como aproveitar ao máximo este livro

Empregamos nesta obra recursos que visam enriquecer seu aprendizado, facilitar a compreensão dos conteúdos e tornar a leitura mais dinâmica. Conheça a seguir cada uma dessas ferramentas e saiba como elas estão distribuídas no decorrer deste livro para bem aproveitá-las.

Introdução do capítulo
Logo na abertura do capítulo, informamos os temas de estudo e os objetivos de aprendizagem que serão nele abrangidos, fazendo considerações preliminares sobre as temáticas em foco.

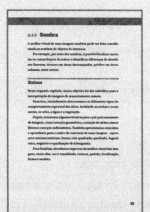

Síntese
Ao final de cada capítulo, relacionamos as principais informações nele abordadas a fim de que você avalie as conclusões a que chegou, confirmando-as ou redefinindo-as.

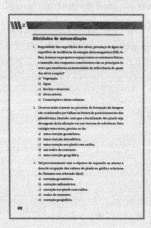

Atividades de autoavaliação
Apresentamos estas questões objetivas para que você verifique o grau de assimilação dos conceitos examinados, motivando-se a progredir em seus estudos.

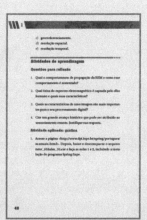

Atividades de aprendizagem

Aqui apresentamos questões que aproximam conhecimentos teóricos e práticos a fim de que você analise criticamente determinado assunto.

Bibliografia comentada

Nesta seção, comentamos algumas obras de referência para o estudo dos temas examinados ao longo do livro.

Fundamentos de sensoriamento remoto

O objetivo deste capítulo introdutório é conceituar e contextualizar o sensoriamento remoto e as imagens digitais por meio da apresentação dos princípios físicos do sensoriamento remoto, das plataformas e dos principais sistemas sensores, além dos conceitos relativos às características da imagem.

Por sua amplitude de técnicas, utilidades e atividades, conceituar o sensoriamento remoto não é tarefa fácil. A consideração mais comum é a de que seria uma maneira de obter informações sobre um alvo ou objeto por meio de um sensor (por isso, *sensoriamento*), de maneira remota, ou seja, sem entrar em contato físico direto com esse alvo ou objeto.

Essa definição, por ser simples, pode trazer generalizações e confusões em torno da temática, uma vez que existem outras formas de se obter informações sobre algo sem que exista contato físico e sem que seja por meio de sensoriamento remoto no contexto aqui apresentado.

Portanto, o sensoriamento remoto abordado nesta obra está ligado diretamente às tecnologias espaciais, aéreas e de campo que permitam adquirir informações sobre objetos e fenômenos a partir das propriedades eletromagnéticas, transformando-as em informações e produtos que possam ser analisados por técnicas específicas, inclusive com a utilização conjunta de Sistemas de Informações Geográficas (SIGs).

Assim, a definição de ***sensoriamento remoto*** que mais se aproxima da nossa abordagem está descrita em Novo (2010, p. 28):

> [Sensoriamento remoto é] a utilização conjunta de sensores, equipamentos para processamento de dados, equipamentos de transmissão de dados colocados a bordo de aeronaves, espaçonaves, ou outras

plataformas, com o objetivo de estudar eventos, fenômenos e processos que ocorrem na superfície do planeta Terra a partir do registro e da análise das interações entre a radiação eletromagnética e as substâncias que o compõem em suas mais diversas manifestações.

De posse dessa definição, é possível traçar uma linha de pensamento em torno dos próximos itens que veremos, entendendo os princípios físicos relacionados à energia eletromagnética e a interação entre essa energia e a matéria, captada por sistemas sensores de diferentes aplicações e características, acoplados em plataformas diversas, de acordo com os objetivos específicos, e que geram produtos de análise. O principal produto é a imagem digital, que apresenta elementos de interpretação, localização e conceitos que fazem com que esse produto seja imprescindível para os estudos da superfície da Terra.

Mas, antes, façamos um breve resgate histórico do sensoriamento remoto, delineando seu caminho desde os primórdios, sua evolução, até chegar aos dias de hoje e às perspectivas de futuro.

1.1 A história do sensoriamento remoto

É consenso que o sensoriamento remoto teve origem pouco tempo depois das primeiras fotografias, surgidas entre os anos de 1816 e 1833, com a utilização de câmeras de caixas de madeira, fixadas pelo método denominado *daguerreotipia*, inventado por Louis Jacques Daguerre (1787-1851).

Cabe ressaltar que a primeira fotografia registrada está creditada a Joseph Nicéphore Niépce (1765-1833), parceiro e sócio de Daguerre nas descobertas fotográficas, que utilizou uma caixa de madeira e uma folha de papel sensibilizado quimicamente. Pouco tempo depois, no final da década de 1850, o francês Gaspard-Félix Tournachon (1820-1910), conhecido como Félix Nadar, fez a primeira fotografia aérea registrada na história. Foram quase três anos de experimentos e algo em torno de 100 voos para aprimorar o processo de obtenção de fotos. O local escolhido foi a cidade de Paris, objetivando seu mapeamento. A partir daí, o corpo de engenharia da França passou a utilizar câmeras embarcadas em balões para tomar fotografias que auxiliaram no mapeamento topográfico de grandes áreas da França.

A invenção das aeronaves motorizadas e tripuladas permitiu que as fotografias aéreas passassem a ser tiradas por câmeras embarcadas em aviões. É possível que a primeira delas tenha sido feita no final da década de 1900, pelos irmãos Wright.

Desde então, o avanço da tecnologia aérea e fotográfica permitiu a ampliação do uso desses produtos, especialmente para fins militares, como as missões de reconhecimento durante a guerra entre Itália e Turquia no início da década de 1910, tida por alguns como a primeira utilização militar de fotografias aéreas feitas por aviões para fins bélicos.

Durante a Primeira Guerra Mundial – ocorrida entre os anos de 1914 e 1918, centrada em território europeu, que envolveu especialmente Reino Unido, França e Rússia, de um lado, e Alemanha e Hungria-Áustria, de outro –, imagens aéreas foram utilizadas para reconhecimento de terrenos inimigos e mapeamento de pontos estratégicos de defesa.

Nesse período, foi observada uma grande evolução tecnológica nos sistemas fotográficos, especialmente nas tecnologias de fixação da imagem, diversificação de lentes, filtros para correção das imagens, mecanismos de automatização e sincronização das câmeras e estabilização para operação de acordo com o deslocamento e a altitude dos aviões.

Após o fim da Primeira Guerra, o avanço tecnológico permitiu que as imagens aéreas fossem utilizadas para grandes levantamentos topográficos e cartográficos com o fim de reconhecimento dos territórios nacionais, especialmente com mapeamentos em pequena escala que cobriam grandes áreas.

Um dos grandes legados da evolução tecnológica utilizado nas fotografias aéreas foi a câmera com método denominado *Trimetrogon,* que compreendia um sistema de compilação de imagens feitas com lentes triplas do tipo *Metrogon*, uma lente fotográfica de campo de alta resolução, baixa distorção e amplo campo de visada.

Esse tipo de imageamento era feito por um conjunto de três lentes: uma apontada verticalmente para baixo da maneira convencional e duas montadas obliquamente, apontadas em direções perpendiculares à linha de voo. As duas lentes oblíquas eram posicionadas para a realização de imagens da linha do horizonte e de uma pequena faixa da imagem gerada pela câmera vertical. As três imagens eram disparadas simultaneamente para fotografar uma faixa de solo que se estendia de um lado do horizonte ao outro, em uma direção perpendicular à linha de voo.

A grande vantagem desse método era a possibilidade de se obter imagens que cobrissem grandes faixas sem a necessidade de voos a grandes altitudes, ou seja, a uma altitude de pouco mais de 6 mil metros, era possível chegar a uma compilação com a faixa utilizável de pouco mais de 30 quilômetros de largura.

Na Segunda Guerra Mundial, a importância das imagens aéreas foi elevada a níveis jamais vistos, com utilização cada vez mais estratégica para o reconhecimento do território inimigo. Apesar de existirem registros de utilização pela Força Aérea Alemã (Luftwaffe), foi a Real Força Aérea Britânica (RAF) que mais contribuiu para a evolução do uso durante a Segunda Guerra.

Em geral, alguns aviões de combate, tanto britânicos quanto estadunidenses, eram adaptados para operar com até cinco câmeras fotográficas em missões de reconhecimento. As armas eram retiradas e os compartimentos de bombas eram adaptados para aumentar a capacidade de combustível e a instalação das câmeras. Além disso, sistemas de aquecimento foram criados para que as câmeras pudessem operar em grandes altitudes (de 9 a 12 quilômetros) sem que congelassem.

As imagens obtidas pelas campanhas aéreas eram levadas para tratamento nas chamadas *unidades de interpretação*, que recebiam milhares de negativos diariamente para a produção de material impresso e fotointerpretação.

As novas metodologias e técnicas, revolucionárias para a época, permitiram a tomada de fotografias em altas velocidades e a grandes altitudes, dando origem a um valioso acervo de material que retratava e localizava alvos inimigos estratégicos, proporcionando maior eficiência aos ataques.

Uma das técnicas mais inovadoras da época foi a estereoscopia, com o uso de sobreposição de fotografias, o que possibilitava o levantamento mais próximo do espaço tridimensional, com maior precisão no reconhecimento de construções e outros elementos artificiais da paisagem.

Além da estereoscopia, outra evolução sem precedentes durante a Segunda Guerra – e que posteriormente passou a fazer parte do cotidiano do sensoriamento remoto – foi o emprego, por parte dos alemães, de lunetas que faziam a detecção de alvos na faixa do infravermelho, utilizadas principalmente para a localização de alvos e objetos camuflados ou em ataques noturnos.

Com o fim da Segunda Guerra Mundial e o início da Guerra Fria, entre Estados Unidos e União Soviética, aviões com grandes câmeras e que voavam a grandes altitudes ainda eram utilizados, muitas vezes, em combinações com aviões supersônicos com capacidade de imageamentos precisos e sem serem reconhecidos, os chamados *aviões espiões*.

Mas o grande avanço tecnológico para levantamentos e reconhecimento estratégico dos territórios foi o imageamento por satélite, quando as câmeras extrapolaram a atmosfera e chegaram ao espaço.

No Brasil, o sensoriamento remoto passou a ganhar relevância com o surgimento do Grupo de Organização da Comissão Nacional de Atividades Espaciais (Gocnae), nos anos de 1960, também motivado pelos avanços nas tecnologias espaciais vistos nos Estados Unidos e na União Soviética.

Após a criação do Gocnae, que posteriormente se tornaria o Instituto Nacional de Pesquisas Espaciais (Inpe), na década de 1970 vários acordos de cooperação técnica foram firmados com países que se tornaram parceiros para o desenvolvimento tecnológico espacial do Brasil. Com tais parcerias, era possível a construção e o lançamento de foguetes e satélites nacionais e internacionais utilizando a base de lançamento localizada no município de Natal (RN).

Além das cooperações para construção e lançamento de foguetes e satélites, o Inpe também era responsável, no Brasil, por projetos que incluíam a recepção de imagens e dados de satélites meteorológicos da série NOAA (National Oceanic and Atmospheric

Administration), da Nasa, e o monitoramento dos recursos terrestres do Earth Resources Technology Satellite (ERTS), que deu origem à série de satélites Landsat. Conforme o próprio Inpe (2021b),

> nos anos 1990, o INPE iniciou o projeto de Avaliação da Cobertura Florestal na Amazônia Legal, utilizando dados a partir do ano de 1988. Esse trabalho passou a ser conhecido como Projeto Desflorestamento da Amazônia Legal (PRODES), criado no âmbito do Programa de Monitoramento da Amazônia (AMZ). [...]
>
> Em 2004, o INPE lançou o sistema de Detecção de Desmatamento em Tempo Real (DETER), também voltado para a região amazônica, que mapeia diariamente as áreas de corte raso e de processo progressivo de desmatamento por degradação florestal. Trata-se de um levantamento mais ágil, que permite identificar áreas para ações rápidas de fiscalização e controle do desmatamento.

Ainda no final da década de 1980 e início da década de 1990, o Inpe firmou um acordo de cooperação técnica com a China para a realização do programa China-Brazil Earth Resources Satellite (CBERS), que visava ao desenvolvimento dos satélites CBERS-1 e CBERS-2, o que representou um dos maiores avanços do Brasil no monitoramento dos recursos terrestres e ambientais.

> A assinatura do protocolo de cooperação entre Brasil e China, em 1988, resultou no lançamento do primeiro satélite da série CBERS, em 1999, e do CBERS-2, em

2003. A partir do êxito desse programa, houve a renovação da cooperação, com o lançamento do CBERS-2B em 2007 e ampliação da missão conjunta com mais dois satélites, CBERS-3 e CBERS-4. (Inpe, 2021b)

Uma das últimas etapas do acordo de cooperação com a China foi a construção do satélite sino-brasileiro de sensoriamento remoto CBERS-4A, sexto satélite da família CBERS, lançado em dezembro de 2019 de uma base na China. É um satélite de média resolução, que opera no espectro visível e infravermelho, com resoluções na faixa de 2 a 60 metros, utilizado para observações ópticas, coleta de dados e monitoramento ambiental.

Figura 1.1 – Configuração do CBERS-4A

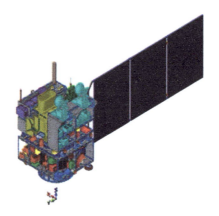

CBERS/INPE – Divulgação

Fonte: Inpe, 2019.

A exemplo do CBERS, outros programas civis comerciais de lançamento de plataformas espaciais para sensoriamento remoto foram e são de grande importância. Isso inclui os vários programas espaciais para imageamento da superfície da Terra que conhecemos, como o Landsat/Nasa, ResourcesAT/ISRO, Spot/

CNES, Quickbird/DigitalGlobe, Sentinel/ESA e Amazonia/Inpe, para citar apenas alguns.

Cada um desses programas aeroespaciais e os instrumentos utilizados nos sistemas sensores têm especificidades de acordo com o objetivo do produto gerado. Alguns apresentam resoluções espaciais melhores, mas resoluções espectrais mais limitadas e com área de cobertura menor; outros têm resolução espacial baixa, mas intervalos de imageamento menores, abrangendo áreas maiores. No entanto, todos empregam os mesmos princípios físicos, como veremos a seguir.

1.2 Princípios físicos do sensoriamento remoto

As noções básicas sobre os princípios físicos que fundamentam o sensoriamento remoto passam, necessariamente, pelo entendimento da radiação eletromagnética (REM) e sua interação com os objetos componentes da natureza presentes na superfície terrestre (com possíveis interferências e interações com elementos da subsuperfície e atmosfera), em todos os seus estados físicos. Acompanhe.

1.2.1 Radiação eletromagnética (REM)

Qualquer objeto que esteja com sua temperatura acima do zero absoluto (-273,15 °C, -459,67 °F ou 0 K) emite energia eletromagnética (EE), tornando-se, assim, fonte de REM.

A REM tem um comportamento de propagação em forma de ondas, que podem ser chamadas de *ondas eletromagnéticas* (OEM), com atuação concomitante do campo elétrico e do campo magnético, na qual a variabilidade no tempo do campo elétrico induz perpendicularmente o surgimento do campo magnético, possibilitando suas sustentações, conforme apresentado na figura a seguir.

Figura I.2 – Propagação das ondas eletromagnéticas

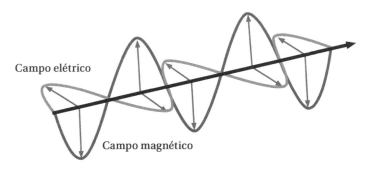

Assim, das ondas de raio cósmico até as ondas de correntes elétricas alternadas, passando pelas ondas de raio gama, raio X, ondas ultravioleta, ondas da luz visível, ondas de infravermelho, micro-ondas, ondas de rádio e de som, são originadas pela propagação de pulsos eletromagnéticos em movimento acelerado.

Tais compreensões foram possíveis por meio das equações de James Clerk Maxwell (1831-1879), que demonstravam o comportamento do fenômeno eletromagnético. Tais equações foram derivadas de estudos anteriores, feitos por diferentes cientistas físicos, entre eles André-Marie Ampère (1775-1836) e Georg Simon Ohm (1789-1854), que emprestaram seus sobrenomes para conhecidas unidades de medida de eletricidade.

Avançando em suas conclusões, Maxwell observou que a OEM se propaga sem a necessidade de um meio condutor, o que torna possível seu deslocamento no vácuo. Com isso, foi possível derivar uma expressão matemática para o cálculo da velocidade de propagação das OEM no vácuo, dada por:

$$v = \frac{1}{\sqrt{\varepsilon_0 \mu_0}}$$

Em que:

ε_0 = permissividade elétrica do vácuo = $8{,}85 \cdot 10^{-12}$ F/m
μ_0 = permeabilidade magnética do vácuo = $4\pi \cdot 10^{-7}$ H/m
v = velocidade da luz = $2{,}99792 \cdot 10^8$ m/s

Como resultado dessa expressão, Maxwell conclui que a velocidade de propagação da OEM é igual para o vácuo e para o ar e que a luz visível é uma onda eletromagnética. Outra conclusão considera a não interação com outros campos magnéticos ou elétricos nas proximidades pelas quais uma onda passa, não existindo a possibilidade de desvios.

Como resultado, com base na velocidade de propagação de uma onda eletromagnética no vácuo ($v = 2{,}99792 \cdot 10^8$ m/s), é possível determinar o seu comprimento (λ) medindo a distância entre dois ou mais picos sucessivos. Ao mesmo tempo, pode-se encontrar a frequência (*f*) dessa onda medindo a quantidade de picos que passam por um marcador de referência.

Nesses casos, quanto maior for a frequência da onda, menor será seu comprimento, uma vez que a velocidade de propagação não se altera, significando que uma quantidade maior de ondulações passará pelo local de referência em um dado tempo. Inversamente, quanto maior for o comprimento da onda, menor será sua frequência.

É importante salientar que existe uma perspectiva quântica complementar para a descrição das propriedades da luz, na qual ela é concebida em uma unidade de energia denominada *fótons*. Tal perspectiva foi importante para elucidar algumas questões não respondidas pelas equações de Maxwell, especialmente sobre a interação entre a REM e a matéria. Nesse sentido, os fótons são partículas de energia eletromagnética que não possuem matéria, mas que podem ser transferidos de um corpo para o outro.

1.2.2 Espectro eletromagnético

O olho humano é um tipo de sistema sensor que capta a faixa do espectro eletromagnético correspondente à luz visível. Na natureza, alguns fenômenos observados a olho nu, como o arco-íris, suscitaram a elaboração de teorias e experimentos para entender a composição dessa luz. A primeira delas se deu em 1766, por Isaac Newton (1643-1727), que utilizou um prisma de vidro para fazer a decomposição da luz branca em raios de luzes coloridas, por meio do fenômeno de dispersão. Como o vidro tem propriedades refratárias, a luz, ao atravessar um prisma de vidro, altera seu comprimento de onda. Tais experimentos fizeram surgir a possibilidade didática de divisão do espectro eletromagnético.

A REM apresenta uma variedade de comprimentos diferentes de ondas, que vão desde os raios cósmicos até as correntes alternadas. Essas diferentes faixas de comprimentos, também conhecidas como *bandas*, formam o chamado *espectro eletromagnético*, representado na figura a seguir.

Figura 1.3 - Espectro eletromagnético

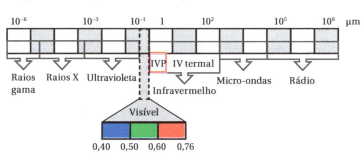

Fonte: Elaborada com base em Novo, 2010; Florenzano, 2011.

A maioria dos sistemas passivos de sensoriamento remoto utilizados para levantamentos de características terrestres atuam na faixa do visível e do infravermelho, variando, de maneira aproximada, entre 0,38 μm e 1 mm. No caso dos sistemas ativos de sensoriamento remoto (radares), a faixa utilizada é a de micro-ondas, que pode variar de 1 mm a 100 cm.

A faixa visível do espectro eletromagnético tem como principal característica o fato de ser a única faixa captada pelo olho humano, o que possibilita a distinção das cores na natureza. Nesse caso, são refletidas as cores violeta, azul, verde, amarela, alaranjada e vermelha, com todas as variações constantes nos comprimentos de ondas que vão de 0,38 μm até 0,76 μm. O fluxo de energia nessa faixa atua intensamente onde a janela atmosférica é mais transparente.

> Existem regiões do espectro eletromagnético onde a atmosfera quase não afeta a energia eletromagnética, isto é, a atmosfera é transparente à energia eletromagnética proveniente do Sol ou da superfície terrestre. Estas regiões são conhecidas como janelas atmosféricas. Nestas regiões são colocados os detectores de energia eletromagnética, e portanto onde é realizado o sensoriamento remoto dos objetos terrestres. (Moraes, 2002, p. 14)

A faixa do infravermelho apresenta grande variação de comprimento de onda e pode ser dividida em *infravermelho próximo* (de 0,76 μm a 1,5 μm), *infravermelho curto* (de 1,5 μm a 3,0 μm), *infravermelho médio* (de 3,0 μm a 5,0 μm) e *infravermelho longo*, ou *infravermelho termal* (de 5,0 μm a 1.000,00 μm).

O **infravermelho próximo** atua em uma região transparente da atmosfera. Mesmo que seu intervalo não seja todo aproveitado, pode ser utilizado para identificação de diferentes tipos de rochas e minerais, além da diferenciação de espécies botânicas.

O **infravermelho curto** também é indicado para leitura de alterações hidrotermais em minerais, porém apresenta uma janela limitada de atuação.

Já o **infravermelho médio** atua em uma faixa espectral na qual a detecção de alvos terrestres é baixa, com exceção das fontes de calor; é bastante utilizado para leituras meteorológicas.

O **infravermelho termal** atua na janela atmosférica que permite detectar e diferenciar objetos da superfície que emitam radiação em função das temperaturas, por exemplo, as diferenciações de veios de quartzos em meio a rochas basálticas.

Por fim, as micro-ondas são utilizadas no sensoriamento remoto ativo por meio da emissão artificial de REM para se obter respostas que permitam diferenciar feições do relevo. São bastante empregadas em geomorfologia e geologia estrutural. Têm a vantagem de não sofrer tantas interferências das condições atmosféricas ou da presença ou ausência de luz do sol.

1.2.3 Radiometria

O sensoriamento remoto utiliza-se de uma série de técnicas e parâmetros para medir a radiação emanada pelos objetos. Em geral, diz-se que, quando o sensor detecta uma REM, ele está, na verdade, realizando uma aferição radiométrica, ou seja, comparando a medida detectada com base em um padrão.

Existem alguns conceitos básicos quando se fala em *radiometria* que são utilizados como parâmetros para a realização das medidas, em especial energia radiante, potência radiante (ou fluxo radiante), irradiância e radiância. Além desses, é importante entendermos o conceito de ângulo sólido e reflectância.

A **energia radiante** (Q), medida em joules (J), corresponde à energia emanada por uma fonte que se propaga no formato de ondas eletromagnéticas. É a soma de toda a quantidade de energia transportada por pulsos de radiação que passam por um determinado local de referência em um dado tempo.

A **potência radiante**, representada por Φ (ʎ), em geral é medida em watts (W) e corresponde à taxa de transferência do fluxo de energia radiante de um ponto para outro ponto por um período. No caso das imagens de sensoriamento remoto, ela se refere ao tempo de iluminação da superfície de um objeto no terreno.

Já a **irradiância** pode ser considerada como a densidade de fluxo radiante por área, medida em watts por metro quadrado (W/m^2). Em especial, deve-se levar em consideração, no caso do sensoriamento remoto passivo, as variáveis da atmosfera que influenciam a difusão dos fluxos.

A **radiância** (L), medida em Wm^{-2}sr^{-1} (watt por esferorradiano por metro quadrado), é a combinação da medida da densidade de fluxo radiante, por área, com intensidade radiante, que se propaga por unidade de ângulo sólido e área projetada. Nesse caso, o conceito de **ângulo sólido** é utilizado para descrever a convergência angular tridimensional dos fluxos de energia para uma superfície.

Por fim, é preciso compreender o conceito de **reflectância**: razão entre a radiância e a irradiância, medida em um determinado intervalo de tempo. A reflectância é expressa em porcentagem, ou seja, o percentual da quantidade total de energia incidente na área que radiou ou que deixou aquela área.

Assim, os sistemas sensores das variadas plataformas existentes, principalmente os imageadores, são projetados para medir tais parâmetros radiométricos, em especial a radiância, processando e transformando os valores em números digitais que formam uma imagem passível de processamento.

1.3 Plataformas e sistemas sensores

Como visto anteriormente, o sensoriamento remoto começou pouco tempo depois da invenção da câmera fotográfica, e desde então vem sendo utilizado para vários fins, evoluindo rapidamente em conjunto com os avanços técnico-científicos informacionais, especialmente das áreas de informática e tecnologias aeroespaciais.

Com base nisso, dividiremos este tópico de acordo com os tipos de sensores, apresentando os níveis de atuação de cada um, incluindo suas classificações e aplicações, além de abordarmos questões sobre as plataformas utilizadas como suporte para tais sistemas.

1.3.1 Sistema óptico humano

A leitura começa pelo sistema sensor mais utilizado no mundo, o olho humano, constituído por uma lente (cristalino), localizada entre as estruturas que protegem o olho e regulam a entrada de luz no sensor (córnea, pupila e íris), e a retina, responsável por receber a luz focalizada pela lente e decompô-la em outras moléculas.

Figura 1.4 – Sistema óptico humano

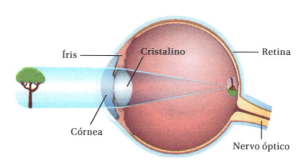

O olho humano é um detector natural de energia radiante que opera na banda do visível do espectro eletromagnético, aproximadamente entre 0,4 e 0,7 µm, e conta com uma faixa dinâmica de resposta grande. A razão entre o máximo e o mínimo de sinal detectável é bastante ampla (Lorenzzetti, 2015).

Essa energia radiante detectada pelo olho humano é captada pela lente e projetada para a retina, de onde é transportada para o cérebro por meio do nervo óptico. Além disso, o olho humano possui outras estruturas que dão suporte aos elementos do sistema, como o humor vítreo e a fóvea.

Após a captação da energia radiante, a focalização e a projeção, a imagem é processada pelo cérebro e impressa, na maioria das vezes, no lobo occipital, o que diferencia o sistema sensor óptico humano do sistema da maioria dos animais, pois a capacidade de processamento está ligada à possibilidade de interpretação visual.

1.3.2 Sistemas imageadores fotográficos

Os sistemas fotográficos de imageamento foram os primeiros a serem utilizados em sensoriamento remoto, com as câmeras instaladas em balões, aeronaves e até mesmo em pombos.

Tais sistemas são como réplicas do sistema óptico humano, com um sistema de lentes que focalizam a imagem de acordo com o alinhamento das lâminas, fazendo com que a luz seja captada e fixada no filme. O controle do tempo de exposição da luz é dado pelo obturador.

As câmeras tradicionais utilizavam filmes fotográficos com uma camada maleável que possibilitava a emulsão com haletos de prata sensíveis à luz, fato que limitava o uso e a quantidade de imagens de acordo com o tamanho do filme fotográfico.

Em geral, as câmeras usadas para aerolevantamentos podem ser divididas em *cartográficas* (métricas) e *de reconhecimento*. As câmeras cartográficas têm adaptações para corrigir distorções geométricas devido aos ângulos de visada e às diferenças do terreno; já as câmeras de reconhecimento são utilizadas apenas para identificação de alvos, sem grandes precisões geométricas.

Com o avanço do sensoriamento remoto orbital, os levantamentos por sistemas fotográficos convencionais foram substituídos pelos sistemas orbitais, especialmente os imageadores eletro-ópticos, que passaram a equipar os satélites.

I.3.3 Sistemas imageadores eletro-ópticos

Diferentemente dos sistemas imageadores que utilizam filmes fotográficos, os sistemas eletro-ópticos utilizam um sistema de conversão da radiância em sinais elétricos, que são transmitidos para bases de processamento em terra.

Tais sistemas têm detectores quânticos que captam a radiância emitida pelos alvos presentes em determinada área de cobertura e que chegam ao foco de abertura, transmitindo a radiância para um conversor, que a transforma em sinais elétricos. Esses sinais são enviados para estações terrestres e convertidos em um valor digital para geração de imagens em formato matricial, constituída por pixels, com valores referentes à intensidade da radiância captada.

Assim como o olho humano e os sistemas fotográficos, os sistemas eletro-ópticos também apresentam um conjunto de lentes e espelhos que servem para focalizar a área da superfície terrestre a ser coberta, captando a radiância dos objetos presentes. A diferença é que tais lentes são telescópicas e têm aberturas ópticas que permitem a distinção de alvos relativamente pequenos em uma grande faixa de cobertura e a grandes altitudes.

A radiância focalizada pelas lentes e pelos espelhos é direcionada para um detector, que faz a divisão da energia de acordo com as bandas espectrais. Assim, quanto maior a quantidade de bandas possíveis de detecção, maior será a resolução espectral do sistema de imageamento. Em geral, tais sistemas operam na faixa do espectro eletromagnético que varia do visível ao infravermelho.

Após a detecção e a separação da radiância, os sinais passam por um sistema eletrônico de conversão digital, que os amplifica e os transmite para bases ou estações específicas, em terra, para serem processadas e gerarem as imagens que vão para os catálogos ou usuários específicos.

Os conjuntos ópticos desses sistemas, em geral, funcionam por meio de varreduras, as quais podem ser mecânicas (*whiskbroom*) ou eletrônicas (*pushbroom*). O tipo de mecanismo utilizado pode interferir na qualidade das imagens, em especial nas resoluções espaciais e nos tipos de ruídos que podem aparecer nas imagens.

A varredura mecânica é um mecanismo que foi gradativamente substituído pela varredura eletrônica e que esteve presente nos sensores Multispectral Scanner (MSS) e Thematic Mapper (TM), da família de satélites Landsat. Esse tipo de varredura tem um espelho externo anterior ao conjunto de detectores que trabalha por meio de rotação, com angulação do movimento de acordo com a amplitude da faixa a ser escaneada. Nesse caso, o imageamento é feito pixel a pixel em faixas transversais ao sentido de deslocamento da própria plataforma.

Como a operação é mecânica e leva em conta a angulação da visada, qualquer oscilação na plataforma ou problema operacional no rotor do espelho pode gerar ruídos que prejudicam a imagem. Tais defeitos podem variar de um ou vários pixels dispersos até faixas inteiras de pixels.

Já nas plataformas com varredura eletrônica, as imagens são feitas de maneira linear, sob a forma de matrizes. Para isso, é necessária a existência de um sistema óptico de lentes telescópicas com um campo de visada instantâneo que seja grande o suficiente para a cobertura total da área a ser imageada, sem utilização de espelhos. Tal tipo de varredura é encontrado nos sensores High Resolution Visible (HRV) e High Resolution Geometric (HRG) dos satélites Spot.

Nesses casos, as diferentes imagens são tomadas instantaneamente em faixas sucessivas, perpendiculares ao sentido do movimento da plataforma, diminuindo a probabilidade de ruídos em caso de falhas de movimentação. Porém, ainda é possível a existência de ruídos por falhas nos detectores, especialmente por conta de possíveis falhas no registro de sinais.

Além dos imageadores por varredura, é possível citar os sistemas eletro-ópticos de imageamento de quadro, nos quais a imagem é adquirida instantaneamente por câmeras grande-angulares, que apresentam filtros multiespectrais, os quais utilizam feixes de elétrons, parecidos com o sistema de uma televisão de tubo com uma superfície fotossensível. Tais sistemas não tiveram grande longevidade; tornaram-se obsoletos em poucos anos e foram substituídos pelos sistemas de varredura.

1.3.4 Sistemas ativos

Os sistemas sensores ativos têm a capacidade de gerar e emitir a energia eletromagnética para ser utilizada no fornecimento de respostas espectrais dos alvos em determinadas faixas maiores de ondas. Em geral, tais sensores emitem pulsos eletromagnéticos na faixa espectral das micro-ondas, com comprimentos que podem variar de 1 mm a 30 cm.

Os sistemas de radares transmitem tal energia em direção à terra (ou ao alvo em questão). Essa energia chega ao destino, é retrodifundida e captada pelos sensores de micro-ondas, que registram a intensidade e a variação temporal entre os processos de emissão e captação.

Tal sistema surgiu como sistema de segurança de aeronaves, para auxiliar na determinação das altitudes de segurança, especialmente nos momentos de aproximação e pouso, ou como sistemas de alerta de objetos próximos.

Uma das grandes vantagens desse tipo de sistema é a possibilidade de obtenção de informações e imagens sob condições atmosféricas não favoráveis, como dias chuvosos ou com grande cobertura de nuvens. Além disso, permite imageamentos noturnos, por não ser necessária a REM solar. Porém, a limitação do comprimento de ondas não possibilita grandes detalhamentos de características físicas e químicas dos alvos em comparação com os sensores passivos multiespectrais.

Em geral, os radares são diferenciados pelo tipo de sistema de abertura. Podem ser por abertura real, conhecidos como *Real Aperture Radar* (RAR), ou por abertura sintética, conhecidos como *Sinthetic Aperture Radar* (SAR). Com o avanço tecnológico, o primeiro sistema foi gradativamente substituído pelo segundo, melhorando substancialmente a resolução das imagens.

Outro sistema ativo é o Light Detection And Ranging (LiDAR), que utiliza um sensor de detecção do alcance de luz por meio de um *laser* e um receptor com detectores sensíveis para medir a luz refletida, calculando a distância para o objeto por meio do tempo (velocidade da luz) entre pulsos transmitidos e refletidos. Além do mapeamento de superfícies de terra e água, os sistemas LiDAR podem ser usados para determinar perfis atmosféricos de aerossóis, nuvens e outros constituintes da atmosfera (Popescu; Iordan, 2018).

Por fim, podemos citar o Sonar como sistema ativo de sensoriamento remoto, que emite e registra ondas acústicas para produzir imagens do fundo de oceanos e rios por meio do registro de medidas da energia acústica que retorna para o receptor (Fish; Carr, 1990).

1.3.5 Sistemas não imageadores

Entre os sistemas sensores, podemos citar os que não geram imagens como produto do processo de reconhecimento. A maioria desses sistemas é utilizada para tomada de informações de distâncias, em especial altitudes, por meio de micro-ondas; porém, existem os espectrorradiômetros, que são capazes de realizar a leitura espectral dos alvos em faixas multiespectrais.

Os sistemas conhecidos como *radares altímetros* são empregados para obter medidas lineares de altitudes da superfície terrestre utilizando os mesmos pulsos eletromagnéticos dos sistemas radares de imageamento, na faixa das micro-ondas. Com isso, é possível obter informações de localização e altitude da superfície que podem ser utilizadas para a geração de modelos do terreno.

Os espectrorradiômetros são sensores que captam a radiância dos alvos nos vários comprimentos de onda do espectro eletromagnético, como os sistemas imageadores. No entanto, os valores captados não são convertidos em imagem; são fornecidos dados numéricos que possibilitam a geração de gráficos ou relatórios analíticos, utilizados, em geral, para descrever as composições físico-químicas dos alvos.

1.4 Características da imagem

Uma imagem que é produto de sensoriamento remoto pode ser entendida como uma matriz composta por pixels com valores digitais frutos da conversão dos valores de radiância captados pelos sensores, dispostos na forma de linhas e colunas, conforme apresentado na figura a seguir.

Figura 1.5 – Representação de uma imagem digital

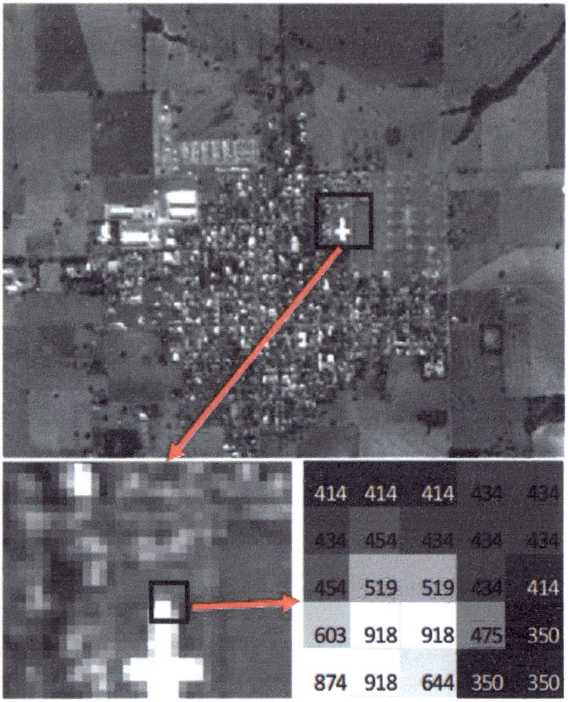

CBERS-4A. Órbita/Ponto: 209/142. Câmera WPM. Lupionópolis: Inpe, 6 jul. 2021. Imagem de satélite. Banda 3. Disponível em: <http://www2.dgi.inpe.br/catalogo/explore>.

As imagens apresentam características que as diferenciam de sensor para sensor, de câmera para câmera e de plataforma para plataforma. Essas características, importantes para o processamento digital das imagens, podem ser resumidas em resolução espacial, resolução radiométrica, resolução espectral e resolução temporal. Acompanhe.

1.4.1 Resolução espacial

É o fator de representação de um tamanho real no terreno digitalizado pelo pixel. Isso significa que o tamanho do pixel se refere à menor área de formação da imagem construída pela conversão dos sinais captados pelo sistema sensor.

Quando falamos que uma imagem tem resolução espacial de um metro, significa que o pixel, ou a menor parte da imagem, corresponde a um metro no terreno, ou seja, cada lado do pixel terá um metro, ocupando um metro quadrado de área. Os exemplos apresentados na figura seguinte trazem imagens de diferentes resoluções espaciais, indicadas em cada uma.

Figura I.6 – Exemplos de tamanhos de pixels

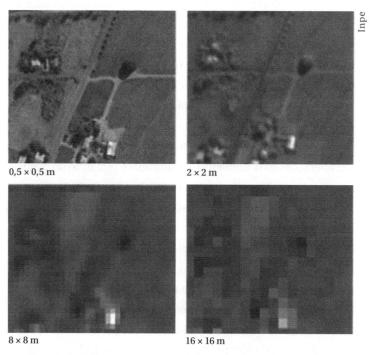

CBERS-4A. Órbita/Ponto: 209/142. Câmera WPM. Lupionópolis: Inpe, 6 jul. 2021. Imagem de satélite. Banda 3 em escala de cinza. Disponível em: <http://www2.dgi.inpe.br/catalogo/explore>.

Para efeitos de processamento digital de imagem, quanto maior a resolução espacial, mais detalhes do terreno podem ser percebidos e maior número de objetos pode ser identificado pela análise visual. Em contrapartida, quanto menor o tamanho do pixel, maior será o tamanho do arquivo digital a ser processado, levando em conta também a resolução radiométrica, que veremos mais adiante.

A resolução espacial depende do campo de visada instantâneo (Istantaneous Field of View – IFOV), da largura da faixa a ser imageada, da distância focal e da altura do sistema óptico em relação ao alvo. Nesse caso, os quatro fatores são componentes de uma equação para definir a resolução espacial.

Em comparação, dois sensores posicionados em distâncias diferentes, para terem a mesma resolução espacial, definida pelo campo de visada instantâneo, devem ter distâncias focais diferentes; para recobrirem faixas maiores de imageamento, a angulação deve aumentar.

No processamento digital de imagens (PDI), é possível realizar operações para aumentar ou diminuir o tamanho do pixel de uma imagem. Para diminuir o tamanho dos pixels, aumentando a resolução espacial, é preciso realizar a fusão entre imagens, e uma delas deverá ter o tamanho do pixel menor, a fim de que seja utilizado como uma espécie de modelo para a transformação, dividindo os pixels da imagem com resolução espacial menor. Já para aumentar o tamanho dos pixels, basta reamostrar as imagens por meio de operações estatísticas para unir os pixels, calculando novos números digitais para os pixels reamostrados.

As imagens de alta resolução são bastante utilizadas em trabalhos de análise urbana, para mapeamento e localização de unidade habitacionais, planejamento de arborização urbana e planejamento urbano em geral. Nas áreas rurais, são utilizadas em trabalhos que necessitam de detalhamento de talhões ou outras feições menores da superfície, como processos erosivos em estágios iniciais ou localização de construções rurais.

1.4.2 Resolução radiométrica

Tem ligação direta com a capacidade do sensor em captar uma grande amplitude da radiância da menor unidade de área a ser imageada. Nesse caso, a resolução será maior quanto maior for a capacidade de diferenciação do sensor.

Ao converter essa informação para uma imagem digital, os valores de radiância são transformados em números digitais que representam os níveis de cinza dos pixels de uma imagem monocromática. A conversão e o armazenamento dessas informações, como ocorre em arquivos digitais, é expressa por meio de dígito binário, ou bit (*binary digit*). Isso significa que os dados são formados entre a combinação de dígitos (0 e 1), representando, atualmente, a menor unidade possível de ser medida em meios digitais.

Em processamento digital de imagens, a resolução radiométrica é dada em número de bits – quanto maior o número de bits, maior a qualidade da imagem, conforme a Figura 1.7. Uma imagem de 1 bit, por exemplo, contém dois valores digitais que irão representar o preto e o branco; uma imagem de 2 bits irá conter quatro níveis de cinza; já uma imagem de 8 bits terá 256 níveis, uma vez que o dígito binário será elevado à potência de 8 ($2^8 = 256$).

Figura 1.7 – Exemplos de imagens com diferentes resoluções radiométricas

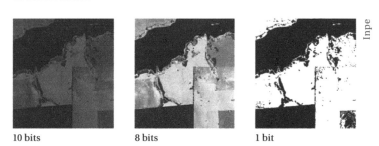

10 bits   8 bits   1 bit

CBERS-4A. Órbita/Ponto: 209/142. Câmera WPM. Lupionópolis: Inpe, 6 jul. 2021. Imagem de satélite. Banda 3 em escala de cinza. Disponível em: <http://www2.dgi.inpe.br/catalogo/explore>.

As imagens dos satélites mais comuns, como o Landsat 8 e o CBERS 4, apresentam resolução radiométrica de 8 bits na maioria dos sensores de imageamento. O satélite CBERS 4A tem resolução radiométrica de 10 bits nas câmeras WPM e WFI e 8 bits na MUX.

1.4.3 Resolução espectral

Talvez a mais importante das evoluções nas tecnologias de imageamento tenha sido a possibilidade de se obter imagens de um mesmo momento em diferentes bandas, que representam faixas distintas do espectro eletromagnético. Isso foi possível graças à invenção dos chamados *sensores multiespectrais*.

Quanto maior a quantidade de bandas que atuem em faixas específicas do espectro eletromagnético, com pouco distanciamento entre as faixas, maior a resolução espectral do sistema sensor.

No caso dos sensores passivos, a faixa imageada, em geral, varia do ultra-azul ao infravermelho termal. É mais comum encontrarmos sensores que fazem o imageamento nas faixas entre o azul e o infravermelho médio.

A grande dificuldade em operacionalizar um sistema sensor que possua muitas bandas, com boa resolução espectral, espacial e radiométrica, encontra-se na transmissão dos dados para as bases em terra, exigindo grande capacidade de transmissão, o que gera grandes gastos de energia, inviabilizando a operação na maioria das plataformas.

Assim, os sistemas acabam privilegiando determinados objetivos, como o CBERS-4A, que tem apenas cinco bandas espectrais na câmera WPM, a melhor em resolução espacial e radiométrica, mas que se limita na faixa do espectro eletromagnético do azul ao infravermelho próximo.

I.4.4 Resolução temporal

De grande importância nas análises temporais, está ligada à repetição de local de imageamento em espaços curtos de tempo. Isso significa que, quanto menor o tempo de recorrência do imageamento de um mesmo local, melhor a resolução temporal.

Porém, isso tem um impacto na resolução espacial. Por exemplo, para recobrir o mesmo local em menos tempo, é preciso ter uma faixa de cobertura grande, o que reduz a possibilidade de o conjunto óptico ter um campo de visada instantâneo (IFOV) com tamanho de pixel pequeno, o que geraria um volume muito grande de informações a serem transmitidas.

No planejamento de utilização das imagens para trabalhos com análises espaço-temporais, a resolução temporal é um elemento de grande importância na hora de se fazer e escolha do sistema sensor, uma vez que é preciso prever as épocas de imageamento. Por exemplo, para se analisar a evolução de determinadas culturas e seus estágios de sucessão, é preciso escolher o sistema sensor que apresente imagens dentro de determinados limites espaço-temporais.

Síntese

O objetivo deste capítulo introdutório foi conceituar e contextualizar o sensoriamento remoto e as imagens digitais.

Iniciamos com a apresentação de um breve histórico para o entendimento do avanço das técnicas. Depois, abordamos os princípios físicos, detalhando a radiação eletromagnética, o espectro eletromagnético e a radiometria. Na sequência, foram apresentadas as principais plataformas e sistemas sensores – desde o sistema óptico humano, passando pelos sistemas imageadores fotográficos, sistemas imageadores eletro-ópticos e sistemas ativos, terminando com os sistemas não imageadores.

No último item deste capítulo, trouxemos conceitos relativos às características da imagem, como resolução espacial, resolução radiométrica, resolução espectral e resolução temporal.

Atividades de autoavaliação

1. Qual destes satélites foi o sexto satélite da família CBERS, lançado em 2019 como resultado do acordo de cooperação técnica entre os governos do Brasil e da China?
   a) CBERS-2B.
   b) CBERS-6.
   c) Terra.
   d) Landsat 6.
   e) CBERS-4A.

2. A radiação eletromagnética (REM) tem um comportamento de propagação em forma de ondas, as quais podem ser chamadas de:
   a) espectro eletromagnético (EE).
   b) ondas eletromagnéticas (OEM).

c) ondas curtas.
d) *new wave*.
e) campo magnético e campo elétrico.

3. Qual faixa do espectro eletromagnético tem como principal característica o fato de ser a única captada pelo olho humano, o que possibilita a distinção das cores na natureza?
   a) Infravermelho próximo.
   b) Raio X.
   c) Luz visível.
   d) Preta.
   e) Infravermelho termal.

4. As características importantes para o processamento digital das imagens podem ser resumidas em:
   a) resolução do problema; espectro eletromagnético; faixa do visível; ondas magnéticas.
   b) espectro eletromagnético; faixa do visível; CBERS-4A; reflectância.
   c) resolução visual; resolução do problema; resolução volumétrica; resolução de brilho.
   d) contraste; composição colorida; campo magnético; campo elétrico.
   e) resolução espacial; resolução radiométrica; resolução espectral; resolução temporal.

5. É o fator de representação de um tamanho real no terreno digitalizado pelo pixel:
   a) Resolução espectral.
   b) Geolocalização.
   c) Georreferenciamento.
   d) Resolução espacial.
   e) Resolução temporal.

Atividades de aprendizagem

Questões para reflexão

1. Qual o comportamento de propagação da REM e como esse comportamento é sustentado?

2. Qual faixa do espectro eletromagnético é captada pelo olho humano e quais suas características?

3. Quais características de uma imagem são mais importantes para o seu processamento digital?

4. Cite um grande avanço histórico que pode ser atribuído ao sensoriamento remoto. Justifique sua resposta.

Atividade aplicada: prática

1. Acesse a página <http://www.dpi.inpe.br/spring/portugues/manuais.html>. Depois, baixe e descompacte o arquivo *tutor_10Aulas_55.exe* e faça as aulas 1 e 2, incluindo a instalação do programa Spring/Inpe.

2
Interpretação de imagens de sensoriamento remoto

Neste capítulo, serão apresentados os diferentes tipos de comportamento espectral dos alvos e as técnicas de correções geométricas, atmosféricas e radiométricas que contemplam a fase de pré-processamento de imagens, além dos processos de realce de contrastes e análise visual das imagens. Vamos lá?

2.1 Comportamento espectral dos alvos

No capítulo anterior, vimos que qualquer objeto com temperatura acima do zero absoluto emite energia eletromagnética (EE), tornando-se fonte de radiação eletromagnética (REM), e que essa radiação propaga-se na forma de ondas.

Se o sol é a principal fonte de EE e a maioria dos sistemas sensores imageadores passivos utilizam essa fonte de energia, é preciso entender qual o comportamento espectral dos principais elementos da natureza existentes na superfície terrestre que podem ser alvos do sensoriamento remoto.

> Para que possamos extrair informações a partir de dados de sensoriamento remoto, é fundamental o conhecimento do comportamento espectral dos objetos da superfície terrestre e dos fatores que interferem neste comportamento. [...] Quando selecionamos, por exemplo, a melhor combinação de canais e filtros para uma composição colorida, temos que conhecer o comportamento espectral do alvo de nosso interesse. Sem conhecê-lo, corremos o risco de desprezar faixas espectrais de grande significância na sua discriminação. (Novo, 2010, p. 241)

A seguir, veremos os principais aspectos do comportamento espectral das rochas e minerais, dos solos, da água e da vegetação, principais alvos que compõem a natureza da superfície terrestre. O comportamento espectral traduzido em gráfico de reflectância por comprimento de onda dos principais alvos é apresentado a seguir.

Gráfico 2.1 – Comportamento espectral dos principais alvos encontrados na natureza

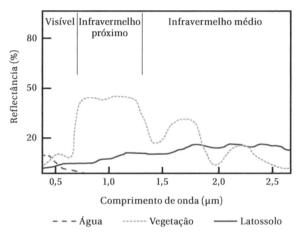

Fonte: Elaborado com base em IBGE, 2001; Florenzano, 2011.

2.1.1 Rochas e minerais

As rochas e os minerais apresentam comportamentos espectrais variáveis que dependem das características mineralógicas, em especial a composição físico-química. Em termos gerais, a reflectância desses alvos situa-se na região do espectro eletromagnético que varia de pouco menos de 1,0 µm a pouco mais de 2,7 µm.

No caso das características físicas das rochas e minerais, os principais fatores que interferem na intensidade da reflectância são: rugosidade das superfícies dos alvos; presença de água na superfície de incidência da EE; falhas, fraturas ou pequenos espaços entre as estruturas físicas; tamanho dos conjuntos constituintes das rochas ou minerais; e fatores externos superficiais.

Além disso, a composição química interfere na faixa de resposta da região do espectro. Por exemplo, rochas e minerais compostos predominantemente por ferro são facilmente identificados na faixa do infravermelho próximo, entre 0,8 e 1,0 µm. Já a identificação de minerais de argila se dá na região do espectro entre 2,17 e 2,20 µm (Goetz; Rowan, 1981).

Bowker et al. (1985) analisaram o comportamento espectral de folhelhos e andesitos e compararam a região de absorção pelo ferro, pela água e pelo OH. Em todas as regiões, os folhelhos apresentaram maiores valores percentuais de reflectância em relação aos andesitos, especialmente na região de absorção pela água, situada na faixa entre 1,5 e 1,8 µm.

2.1.2 Solos

Os solos, em alguns aspectos, têm o comportamento espectral parecido com o das rochas e minerais, uma vez que os primeiros são constituídos pela desagregação de materiais dos segundos, ou seja, os solos são formados, *grosso modo*, pela ação do intemperismo em rochas. O gráfico a seguir apresenta dois exemplos de comportamento espectral, de um solo arenoso e de um solo argiloso, diferentes em sua constituição mineralógica e na granulometria.

Gráfico 2.2 – Comportamento espectral de um solo arenoso e um solo argiloso

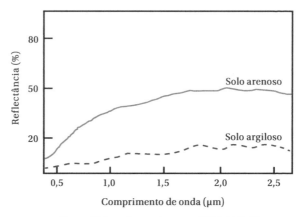

Fonte: Elaborado com base em IBGE, 2001; Florenzano, 2011.

Além dos minerais e das rochas, os solos também são caracterizados por conterem matéria orgânica, água e tamanhos variados de partículas que aumentam ou diminuem os espaços entre os materiais sólidos (granulometria) – esses espaços são ocupados por gases ou água. Na maioria das vezes, tais condições não têm relação direta com as rochas e os minerais de constituição (com exceção da granulometria), mas sim com a região geográfica e o tempo de ocorrência.

Assim, o comportamento espectral dos solos está diretamente relacionado com a composição mineral, a quantidade de matéria orgânica, a quantidade de água (umidade), a granulometria, além de outros fatores menos representativos.

Algumas pesquisas estabeleceram as regiões do espectro eletromagnético mais adequadas aos estudos de propriedades do solo. Para o monitoramento de matéria orgânica em solos sem cobertura vegetal, é indicada a região espectral de 0,57 μm. Para monitorar o conteúdo de compostos de ferro férrico, indica-se a faixa entre

0,7 e 0,9 μm; compostos de ferro ferroso estão na região de 1,0 μm. Para o monitoramento da umidade do solo, a região indicada é de 2,2 μm (Condit, 1970; Stoner; Baumgardner, 1980; Novo, 2010).

2.1.3 Água

Um dos objetivos de se analisar o comportamento espectral de um alvo é entender sua composição física ou química. No caso da água, o principal objetivo é avaliar a existência de materiais que alteram suas qualidades, em especial suas condições de potabilidade, para seres humanos e animais, ou habitabilidade, com relação à flora e à fauna nativas.

Vários modelos foram propostos para tentar entender a dinâmica do total de sólidos em suspensão e analisar a resposta espectral de acordo com tais parâmetros (Gitelson et al., 1993; Odermatt et al., 2012; Tian et al., 2014; Shi et al., 2015; Paula et al., 2021).

A água, em todos os seus estados físicos, está presente em praticamente todos os alvos terrestres possíveis de serem analisados com a utilização de sensoriamento remoto. Pode ser, inclusive, elemento de inviabilidade de leitura de determinados comportamentos de outros alvos, especialmente no caso das nuvens.

A interação da EE com os ambientes aquáticos é bastante característica e leva em consideração as propriedades ópticas e a interação da luz com o meio aquático, incluindo os processos de absorção e espalhamento.

O processo de absorção de luz em ambientes aquáticos depende da interação da EE com as moléculas constituintes desse ambiente. Isso é influenciado pelas propriedades naturais e pelos materiais dissolvidos ou presentes na água, sejam orgânicos, sejam inorgânicos. Por isso, existe diferença entre o comportamento espectral da água cristalina e o da água turva, esta com muitos sólidos suspensos, conforme apresentado no gráfico seguinte.

Gráfico 2.3 – Comportamento espectral da água cristalina e da água turva

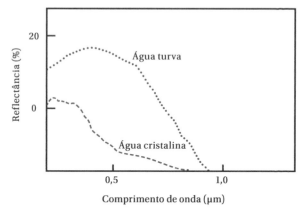

Fonte: Elaborado com base em IBGE, 2001; Florenzano, 2011.

Já o processo de espalhamento se dá pela presença de materiais em suspensão e pelas diferenças de densidade da própria água. No caso dos ambientes aquáticos sem grandes interferências de sólidos em suspensão, o espalhamento da luz é maior na região do espectro eletromagnético da faixa da luz visível azul, por isso vemos a água predominantemente dessa cor.

2.1.4 Vegetação

De acordo com análise da curva média de reflectância da vegetação, apresentada por Araujo (1999), seu comportamento espectral é bastante característico nos pontos de absorção da energia eletromagnética, e isso inclui cinco depressões na curva espectral. A primeira depressão refere-se à absorção pelos carotenoides (0,43 µm); a segunda, à absorção pela clorofila (0,65 µm); já as três são caracterizadas pela absorção pela água presente no interior das plantas, conforme apresentado no gráfico a seguir.

Gráfico 2.4 – Comportamento espectral da vegetação

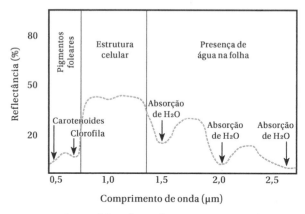

Fonte: Elaborado com base em IBGE, 2001; Florenzano, 2011.

A mesma curva apresenta quatro pontos de reflectância que são amplamente utilizados para análise da vegetação por sensoriamento remoto. O primeiro corresponde à pequena reflectância na faixa da luz verde, do visível, responsável por enxergarmos a maioria das plantas fotossinteticamente ativas na cor verde (0,56 μm). O segundo, de grande reflectância, é influenciado pela estrutura celular das plantas (de 0,7 até 1,3 μm). Por fim, os percentuais de reflectância dos dois últimos se devem à presença de água nas folhas e apresentam picos em 1,65 μm e em 2,2 μm.

Os estudos da vegetação que envolvem sensoriamento remoto podem ser aplicados em variados fins, desde análises de cobertura da terra, para mapeamento de áreas com ou sem cobertura vegetal, até análises de fitossanidade ou tipologia de plantas, mais ligadas à morfologia da vegetação, em especial das folhas.

Quanto às análises do comportamento espectral das folhas, é importante observar as composições químicas; se as plantas são fotossinteticamente ativas, qual a estrutura e a forma interna e externa das folhas, a quantidade de camadas celulares e intercelulares e a quantidade de água. Tais elementos, analisados do ponto de vista do comportamento espectral, podem gerar índices de vegetação capazes de gerar diagnósticos de fitossanidade ou características florísticas.

Além das folhas, o dossel, o sub-bosque e o substrato das áreas vegetadas também são elementos que influenciam nos percentuais de reflectância da EE. Em áreas cujo dossel é maior e irregular, como em florestas nativas, especialmente da mata atlântica ou da floresta amazônica, o efeito do espalhamento traz maior rugosidade para as imagens. Já em áreas agrícolas, com dossel baixo e regular, a superfície é lisa e aumenta a sensibilidade de interferências da reflectância do solo.

Portanto, para o estudo da vegetação por meio de sensoriamento remoto, uma série de fatores deve ser levada em consideração, como morfologia das plantas, porte, densidade da vegetação, tipos de solo, condições de umidade etc.

2.2 Pré-processamento de imagens de sensoriamento remoto

Como visto no capítulo anterior, uma imagem de sensoriamento remoto é uma matriz composta por pixels com valores digitais frutos da conversão dos valores de radiância captados pelos sensores, dispostos na forma de linhas e colunas.

Pelos processos de formação dessas imagens, é possível encontrar erros ou ruídos que interferem diretamente na qualidade da imagem, em especial nas características dos pixels, sejam erros de posicionamento, sejam ruídos que corrompem os valores de números digitais que caracterizam determinado local em determinada banda de imageamento.

Para mitigar esses problemas, são realizados pré-processamentos nas imagens brutas, com o objetivo de corrigir a localização e os valores digitais dos pixels, eliminando distorções geométricas, realizando a calibragem radiométrica e removendo ruídos.

2.2.1 Correção geométrica

Os erros de geometria e as distorções de uma imagem podem ter várias origens, como curvatura e movimentos de rotação da Terra, mudanças repentinas nas altitudes das plataformas, falhas nas varreduras e distorções causadas por problemas no campo de visada ou por efeitos panorâmicos.

Os erros mais comuns no processo de formação da imagem são ocasionados por falhas na leitura do posicionamento das plataformas, fazendo com que a localização dos pixels seja divergente da localização em um sistema de referência.

Para corrigir esses erros, é necessário georreferenciar a imagem, ou seja, correlacionar as coordenadas dos seus pixels (linha e coluna) com as coordenadas geográficas (latitude e longitude) de uma base cartográfica com sistema de referência definido. Nesses casos, podem ser utilizados pontos de controles (*ground control points* – GCPs) com coordenadas conhecidas e que sejam visíveis na imagem, como cruzamentos de rodovias ou ruas, cantos de construções, travessias de rios ou qualquer marco materializado no terreno visível na imagem e que tenha coordenadas conhecidas.

Para isso, a base cartográfica a ser utilizada deve ter grande precisão de posicionamento geodésico. Assim que forem definidos os pontos de controle e aplicada a correção, o pixel correspondente ao ponto será direcionado para a respectiva coordenada na base cartográfica.

Em geral, esse processamento é realizado por meio de geocodificação, com o uso de polinômios de transformação de 1º ou 2º grau. Para isso, os pontos de controle devem ser em quantidades satisfatórias e recobrir todas as regiões da imagem, para que não ocorram distorções.

Existe também a necessidade de correções geométricas quando se combinam duas imagens de datas diferentes que recobrem a mesma área, do mesmo sistema sensor ou de sistemas sensores diferentes, ou quando se faz a combinação de duas imagens vizinhas (mosaicos). Nesses casos, é importante que a resolução espacial seja compatível para que a combinação dos pixels seja precisa. Esse tipo de correção é conhecido como *registro de imagens* e pode ser realizado de modo automático ou manual.

> O modo automático baseia-se na análise da similaridade ou dissimilaridade entre duas imagens, que é calculada com base no deslocamento relativo existente entre as mesmas. A maneira como a similaridade é determinada baseia-se na **correlação** entre a mesma área nas duas imagens pois, quanto maior for a correlação, mais similares serão as áreas (duas áreas idênticas terão 100% de correlação). [...]
>
> O registro manual se baseia na identificação de pontos de controle no terreno, de forma semelhante à vista na correção geométrica usando GCPs, sendo indicado para os casos em que uma grande precisão não é necessária. (Crósta, 1992, p. 164, grifo do original)

A partir do momento em que são feitas as correções geométricas, é necessário realizar a reamostragem para que os números digitais dos pixels não sejam afetados por possíveis distorções geradas pela correção. Em geral, a reamostragem é realizada pelo método de interpolação, que pode ser efetuado pelo método do vizinho mais próximo, pelo método bilinear ou pelo método de convolução cúbica.

O **método do vizinho mais próximo** (*nearest neighbor*) atribui ao pixel da imagem corrigida o número digital referente ao pixel mais próximo de sua localização, conforme apresentado na figura a seguir. Em geral, esse método não altera os valores de níveis de cinza das imagens interpoladas, porém podem ocorrer muitas repetições de valores de acordo com o tamanho da área a ser reamostrada.

Figura 2.1 – Reamostragem por vizinho mais próximo

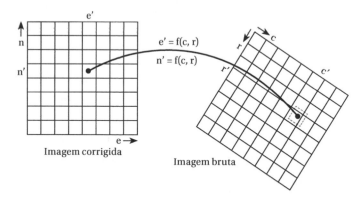

Fonte: Mather, 1987, citado por IBGE, 2001, p. 88.

O **método bilinear** utiliza os valores digitais da matriz dos quatro vizinhos mais próximos do pixel a ser reamostrado, alterando o valor de nível de cinza pela média ponderada da distância desses quatro vizinhos, conforme a Figura 2.2. Esse interpolador suaviza a imagem, dando um efeito de embaçamento nos limites dos objetos.

Figura 2.2 – Reamostragem por interpolação bilinear

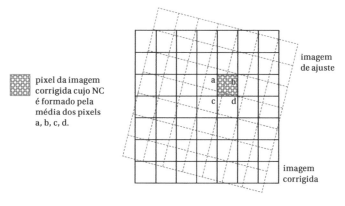

Fonte: IBGE, 2001, p. 88.

Já o **método de convolução cúbica**, ou método bicúbico, baseia-se no mesmo modelo apresentado na figura anterior, fazendo o ajuste dos novos valores de números digitais levando em conta a vizinhança dos 16 pixels mais próximos ao pixel reamostrado, o que pode resultar em perdas de alvos pequenos com grandes variações de reflectância.

2.2.2 Correção de efeitos atmosféricos

Os efeitos atmosféricos nas imagens de satélite são comuns e afetam especialmente o contraste da imagem, alterando os níveis de reflectância de pequenos alvos. Para amenizar esses efeitos, são utilizadas as chamadas *correções dos efeitos atmosféricos*.

Tais correções são importantes nos casos em que seja necessário recuperar os valores da grandeza radiométrica medida, com o objetivo de conhecer a reflectância, a emitância e o retroespalhamento para elaboração de modelos empíricos. Também são utilizadas em algoritmos com base em operações aritméticas entre bandas e na comparação de imagens de diferentes datas (Novo, 2010).

Vários métodos têm sido empregados e revisados para a correção atmosférica em imagens digitais de sensoriamento remoto. Os principais são métodos empíricos, métodos físicos e métodos híbridos (Gaida et al., 2020; Doxani et al., 2018; Lantzanakis; Mitraka; Chrysoulakis, 2017; Moses et al., 2017).

Uma das maneiras mais simples de se fazer correções atmosféricas é o **método empírico** conhecido como *Dark Object Subtraction* (DOS) (Chavez Jr., 1988), que parte do pressuposto de que toda imagem deveria possuir pixels de valores digitais iguais a zero, por conta do efeito de sombreamentos. A partir daí, subtrai-se o valor referente ao pixel de menor valor encontrado até que este chegue a zero. Nesse caso, o menor valor representa a quantidade de interferência de reflectância da atmosfera nos pixels. Em um caso hipotético, se for observado que o menor valor do número digital de um pixel é 20, esse valor deverá ser utilizado para subtração nos valores de todos os pixels da imagem.

Nos **métodos físicos**, como os vistos em Vermote et al. (1997) e Berk et al. (2016), são utilizados parâmetros atmosféricos fornecidos pelas imagens para a correção por meio de algoritmos baseados em códigos de transferência radiativa, que simulam a propagação da radiação eletromagnética pela atmosfera.

Os **métodos híbridos** fazem a combinação dos códigos de transferência radiativa com informações de estatística da cena, havendo assim uma menor quantidade de informações sobre os parâmetros atmosféricos da imagem do que no método físico (Gao et al., 2009).

2.2.3 Correção radiométrica

De maneira geral, os erros radiométricos passíveis de correção ocorrem por falhas instrumentais dos sistemas sensores. Tais erros podem ser decorrentes de falhas no envio dos sinais elétricos entre os sistemas sensores e as estações na Terra ou de falhas nos sensores ópticos, podendo gerar ruídos ou alteração nos valores de alguns pixels.

Os pixels ruidosos, de maneira geral, não apresentam valores digitais válidos ou apresentam valores muito diferentes dos pixels adjacentes, podendo ser muito escuros ou muito claros, fora dos padrões normais da imagem. Nesse caso, dependendo do tipo de problema do sistema sensor, esse tipo de pixel pode ser observado na forma de linhas ou colunas ruidosas, quando uma linha ou coluna inteira apresenta valores inválidos ou fora dos padrões, conforme exemplo da Figura 2.3, ou podem vir de maneira aleatória, com pixels espalhados pela imagem.

Figura 2.3 – Imagem de satélite Landsat 7 com linha de pixels ruidosos

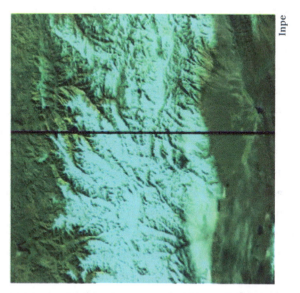

LANDSAT 7. Sensor ETM. Órbita 223. Ponto 81. San Juan, Argentina: Inpe, 27 maio 2003. Imagem de satélite. Composição colorida 2, 3 e 4. Disponível em: <http://www2.dgi.inpe.br/catalogo/explore>.

A correção desse tipo de erro, ou ruído, é feita por meio de algoritmos que utilizam valores limiares médios para definir quais pixels estão fora dos padrões da imagem. Os limiares podem ser escolhidos pelo usuário ou calculados automaticamente pelo programa de processamento de imagens.

No caso de escolha manual dos limiares, é importante que o usuário analise previamente a imagem para encontrar os pixels com ruído e realize a leitura dos pixels ruidosos e adjacentes para definir os valores ideais. Devido à dificuldade de se encontrar todos os pixels com ruídos, sugere-se a utilização do limiar escolhido pelo programa.

A partir do momento em que o limiar for escolhido, o programa irá definir como ruidosos os pixels que apresentarem valores digitais abaixo ou acima dos valores digitais dos pixels de suas vizinhanças próximas, nas linhas acima e abaixo do pixel analisado, com o valor limiar como limite. Ao encontrar os pixels com ruído, os valores são substituídos pela média dos vizinhos próximos.

Quanto às correções radiométricas, cabe ressaltar a técnica de restauração, cujo objetivo, de acordo com o Instituto Nacional de Pesquisas Espaciais (Inpe, 2009), "é corrigir as distorções inseridas pelo sensor óptico no processo de geração das imagens digitais". Tal processo reduz o efeito de borramento, realçando a imagem. Nesse caso, a correção é realizada com o uso de um filtro linear que apresenta pesos relativos específicos para cada tipo de sensor e banda espectral.

Para se fazer esse tipo de correção, é importante que a imagem não tenha passado por nenhum tipo de processamento, ou seja, deve ser a imagem bruta, para que as características radiométricas sejam aquelas enviadas originalmente pelos sistemas sensores.

2.3 Realce de contraste

A maioria das imagens brutas dos sistemas sensores têm baixa amplitude de valores digitais dos pixels, quase sempre ocupando menos de um quarto da área total dos gráficos que representam os níveis de cinza de uma imagem. Esse fato faz com que as imagens sejam escuras ou com que os níveis de cinza sejam mais homogêneos, dificultando a compreensão pelo olho humano.

O realce do contraste tem o objetivo de expandir ou alterar a área de ocupação dos valores de pixels no gráfico correspondente, também conhecido como *histograma*. Desse modo, a qualidade da imagem é melhorada, tornando-se mais perceptível aos tons identificados pelo olho humano, sempre levando em consideração que são critérios que variam de observador para observador.

De acordo com o Inpe (2009, grifo do original), "A **manipulação do contraste** consiste numa transferência radiométrica em cada 'pixel', com o objetivo de aumentar a discriminação visual entre os objetos presentes na imagem".

Como o realce do contraste é realizado por meio da manipulação do histograma, é possível utilizar várias operações matemáticas para chegar ao objetivo desejado, considerando os valores digitais atuais dos pixels, sua distribuição e a transferência dos valores para novas posições no gráfico.

As opções de operação apresentadas a seguir estão presentes no programa de processamento digital de imagens denominado *Spring*, desenvolvido pelo Inpe, e estão descritas de acordo com o manual do instituto (Inpe, 2009). Esse programa foi escolhido por apresentar os processos de maneira mais didática do que os programas mais populares, como o ArcGis® e QGis. Acompanhe.

2.3.1 Operação mínimo/máximo

O realce de contraste que emprega a operação mínimo/máximo utiliza a distribuição linear por meio de uma reta. Nesse caso, o sistema calcula os valores de nível de cinza mínimo e máximo ocupado pela imagem original e aplica uma transformação linear na qual a base da reta é posicionada no valor mínimo e o topo da reta, no valor máximo, evitando que valores específicos localizados nas extremidades sejam perdidos, fenômeno conhecido como *overflow* (Inpe, 2009).

Gráfico 2.5 – Histograma que utiliza a operação mínimo/máximo

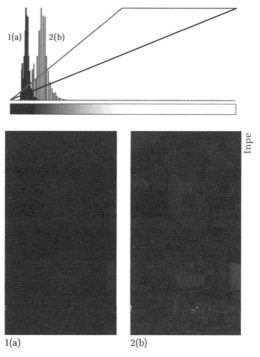

CBERS-4A. Órbita/Ponto: 209/142. Câmera WPM. Lupionópolis: Inpe, 6 jul. 2021. Imagem de satélite. Banda 3 em escala de cinza. Disponível em: <http://www2.dgi.inpe.br/catalogo/explore>.

Um exemplo de *overflow* é quando valores ficam fora da área escolhida como incremento. Por exemplo, quando o histograma for expandido e os pixels redistribuídos de acordo com a distribuição linear, os valores que estão fora serão fundidos com os valores limítrofes, podendo ocasionar a homogeneização de alguns alvos da imagem.

2.3.2 Operação linear

O realce que utiliza a operação linear também é feito da mesma maneira que na operação mínimo/máximo, porém sem a definição dos limites de acordo com o conjunto de dados. Portanto, a operação linear é a forma mais simples das opções.

Nesse caso, os valores são redistribuídos em decorrência da inclinação da reta de referência, dada pela distância entre os dois pontos extremos do eixo x do gráfico, escolhido arbitrariamente pelo usuário. O aumento do contraste é controlado pela tangente do ângulo da reta traçada, conforme apresentado no gráfico a seguir.

Gráfico 2.6 – Histograma que utiliza a operação linear

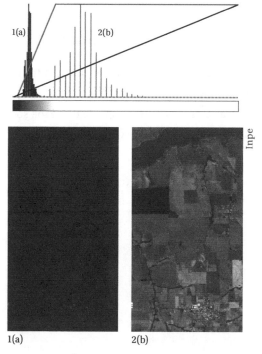

CBERS-4A. Órbita/Ponto: 209/142. Câmera WPM. Lupionópolis: Inpe, 6 jul. 2021. Imagem de satélite. Banda 3 em escala de cinza. Disponível em: <http://www2.dgi.inpe.br/catalogo/explore>.

Na operação linear de contraste, as colunas referentes à nova distribuição da quantidade de pixels em cada valor de cinza têm o mesmo espaçamento por causa da utilização de uma reta para a transferência de valores. Assim, os novos valores são espalhados, mesmo que o padrão dos gráficos permaneça. A operação linear de realce de contraste pode ser representada pela seguinte equação:

$$ND_n = tg\, ND + F$$

Em que:
ND_n = novo valor de nível de cinza
ND = valor original de nível de cinza
tg = tangente do ângulo (inclinação da reta)
F = fator de incremento (limite inicial e final da reta)

2.3.3 Operação raiz quadrada

A operação de realce de contraste por raiz quadrada é utilizada para aumentar o contraste das regiões escuras da imagem original, dando a aparência de uma espécie de névoa sobre as áreas mais escuras, conforme mostra o gráfico a seguir.

Gráfico 2.7 – Histograma que utiliza a operação raiz quadrada

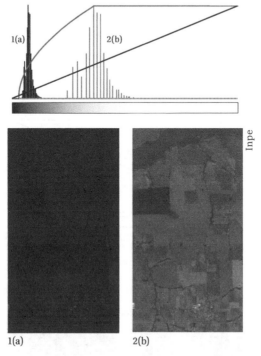

CBERS-4A. Órbita/Ponto: 209/142. Câmera WPM. Lupionópolis: Inpe, 6 jul. 2021. Imagem de satélite. Banda 3 em escala de cinza. Disponível em: <http://www2.dgi.inpe.br/catalogo/explore>.

A reamostragem é realizada em função de uma curva que aumenta a inclinação conforme os valores de cinza ficam menores, ou seja, nas partes mais escuras, e pode ser expressa pela equação:

$$ND_n = F\sqrt{ND}$$

Em que:

ND_n = novo valor de nível de cinza

ND = valor original de nível de cinza

F = fator de ajuste

2.3.4 Operação quadrado

A operação quadrado, por sua vez, é utilizada para realces que visam ao aumento do contraste de objetos com elevados níveis de cinza, destacando os objetos com maiores valores de reflectância.

Gráfico 2.8 – Histograma que utiliza a operação quadrado

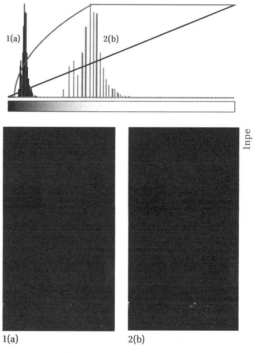

CBERS-4A. Órbita/Ponto: 209/142. Câmera WPM. Lupionópolis: Inpe, 6 jul. 2021. Imagem de satélite. Banda 3 em escala de cinza. Disponível em: <http://www2.dgi.inpe.br/catalogo/explore>.

Nesse caso, a função de transformação é dada pela equação:

$$ND_n = F\,ND^2$$

Em que:

ND_n = novo valor de nível de cinza

ND = valor original de nível de cinza

F = fator de ajuste

2.3.5 Operação logarítmica

O realce de contraste por meio da operação logarítmica, assim como na raiz quadrada, é usado para destacar os valores digitais de pixels mais escuros e é equivalente a uma curva logarítmica (Inpe, 2009), como mostrado no gráfico seguinte.

Gráfico 2.9 – Histograma que utiliza a operação logarítmica

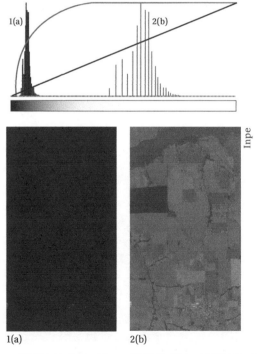

CBERS-4A. Órbita/Ponto: 209/142. Câmera WPM. Lupionópolis: Inpe, 6 jul. 2021. Imagem de satélite. Banda 3 em escala de cinza. Disponível em: <http://www2.dgi.inpe.br/catalogo/explore>.

Nesse caso, a função é dada pela equação logarítmica apresentada a seguir:

> $ND_n = F \log (ND + 1)$
> Em que:
> ND_n = novo valor de nível de cinza
> ND = valor original de nível de cinza
> F = fator de ajuste

2.3.6 Operação negativo

A operação negativo de realce de contraste aplica à imagem um aspecto de negativo de fotografia, invertendo os valores digitais, colocando os pixels escuros nos locais mais claros e os claros nos locais escuros, conforme mostra o gráfico seguinte.

Gráfico 2.10 – Histograma que utiliza a operação negativo

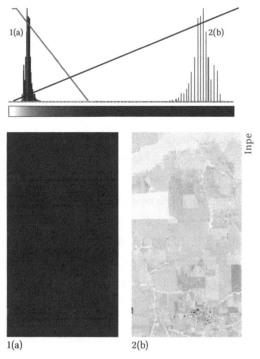

CBERS-4A. Órbita/Ponto: 209/142. Câmera WPM. Lupionópolis: Inpe, 6 jul. 2021. Imagem de satélite. Banda 3 em escala de cinza. Disponível em: <http://www2.dgi.inpe.br/catalogo/explore>.

Isso se dá em função de uma reta linear inversa e pode ser representado pela seguinte equação:

$$ND_n = -(tg\,ND + F)$$

Em que:

ND_n = novo valor de nível de cinza

ND = valor original de nível de cinza

tg = tangente do ângulo (inclinação da reta)

F = fator de incremento (limite inicial e final da reta)

2.3.7 Operação de equalização de histograma

Assim como na equalização do som, a equalização do histograma serve para criar um contraste que atenua os picos de sinais (escuros e claros), resultando em uma imagem mais homogênea, conforme mostra o Gráfico 2.11. De acordo com o Inpe (2009),

> É uma maneira de manipulação de histograma que reduz automaticamente o contraste em áreas muito claras ou muito escuras numa imagem. Expande também os níveis de cinza ao longo de todo intervalo. Consiste em uma transformação não linear que considera a distribuição acumulativa da imagem original, para gerar uma imagem resultante, cujo histograma será aproximadamente uniforme [...].

Gráfico 2.11 – Histograma que utiliza a operação de equalização

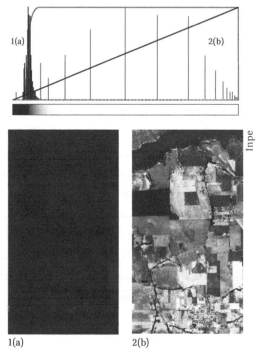

CBERS-4A. Órbita/Ponto: 209/142. Câmera WPM. Lupionópolis: Inpe, 6 jul. 2021. Imagem de satélite. Banda 3 em escala de cinza. Disponível em: <http://www2.dgi.inpe.br/catalogo/explore>.

Essa operação pode ser representada pela seguinte função de equalização de histograma:

$$ND_n = \frac{freq \cdot NC_{max}}{Pt}$$

Em que:

ND_n = novo valor de nível de cinza

NC_{max} = Valor máximo de nível de cinza

freq = Número total de pixels

Pt = frequência acumulada para os níveis de cinza

2.4 Análise visual das imagens

A maioria dos pré-processamentos e processamentos que vimos até aqui visam melhorar a interpretação das imagens de sensoriamento remoto. Tais interpretações podem ser auxiliadas por técnicas de segmentação e classificação de imagens, como veremos no Capítulo 5, mas também podem ser feitas por meio de uma simples análise visual.

Segundo Novo (2010), a análise visual é o ato de examinar uma imagem por meio de detecção, reconhecimento, análise, dedução, classificação e avaliação da precisão, identificando objetos ou feições e estabelecendo pareceres sobre o que foi observado.

As imagens de sensoriamento remoto permitem a realização de análises visuais com base em características de cor, tonalidade, textura, padrão, localização, tamanho, forma e sombra (Curran, 1985, citado por Crósta, 1992).

2.4.1 Cor e tonalidade

As características de cor e tonalidade de uma imagem representam os registros das respostas do comportamento espectral dos alvos, convertidos em números digitais que fazem parte de uma escala de níveis de cinza ou sintetizada em cores.

Quando áreas, alvos ou objetos específicos de uma imagem de determinada banda que realiza o imageamento dentro de uma faixa do espectro-eletromagnético apresenta uma tonalidade mais clara, significa que os valores de radiância são maiores do que nas partes mais escuras. Nesse caso, conhecendo o comprimento da onda e o comportamento espectral dos alvos, é possível analisar uma imagem por meio de sua tonalidade.

No caso processamento digital de imagens, pode-se aplicar uma espécie de filtro que colore cada uma das imagens de diferentes bandas com as cores primárias aditivas vermelho (R), verde (G) e azul (B). Cada cor será aplicada a uma imagem e combinada em processamentos estatísticos dos valores digitais dos pixels, podendo utilizar, para isso, um cubo RGB ou um cone IHS, que veremos com mais detalhes no Capítulo 4. Nessas combinações, é possível identificar e analisar visualmente uma imagem.

2.4.2 Textura

A textura é um aspecto da superfície percebido pela visão que remete a sensações como rugosidade, aspereza, lisura, maciez, entre outras. No caso das imagens, a textura é determinada pelos aspectos de continuidade ou descontinuidade de determinados alvos, afetados por mudanças de padrão de tonalidade.

A textura é muito influenciada pela resolução espacial e radiométrica dos sistemas sensores, e a mesma área, imageada na mesma faixa espectral, pode ter texturas diferentes, dependendo do tamanho do pixel.

Por exemplo, a identificação de uma área de floresta densa pode apresentar uma textura rugosa devido às diferenças de dossel das plantas, gerando vários pontos sombreados, os quais indicam que, quanto mais rugosa for a área, maior será a diferença de altura do dossel das árvores. Já a identificação de uma área com plantio de trigo em estágio intermediário de seu ciclo apresentará textura lisa por conta da uniformidade na altura das plantas, com sombreamento quase nulo.

2.4.3 Padrão

O padrão pode definir alguns conjuntos de objetos com as mesmas características dispostos na imagem. Tal aspecto visual também depende muito da resolução espacial das imagens.

Por meio desse tipo de análise, é possível identificar conjuntos habitacionais em áreas urbanas, padrão de arborização de vias, áreas rurais ocupadas com tipos específicos de culturas, entre outros.

2.4.4 Localização

As características de localização podem ser utilizadas para interpretações visuais pela representatividade de determinadas feições.

Em uma área urbana, por exemplo, é possível verificar, por dedução, vias cobertas pelo dossel das árvores. Em áreas rurais, é possível identificar rios apenas pela localização de suas matas ciliares, a partir do que se pode mapeá-los combinando a localização com padrões, texturas e cores.

2.4.5 Forma

A forma de um objeto é uma das principais qualidades para sua diferenciação. Nas imagens, as formas representam a configuração espacial de um ou mais objetos, ou de uma utilização específica do solo. A forma pode ser representada em duas ou três dimensões, dependendo do tipo de imagem.

Nas áreas rurais, é possível diferenciar florestas nativas de florestas plantadas pela forma de ocupação dos lotes.

2.4.6 Sombra

A análise visual de uma imagem também pode ser feita considerando as sombras de objetos de interesse.

Por exemplo, por meio das sombras, é possível localizar encostas ou outras feições do relevo e identificar diferenças de dosséis em florestas, árvores em áreas descampadas, prédios em áreas urbanas, entre outros.

Síntese

Neste segundo capítulo, nosso objetivo foi dar subsídios para a interpretação de imagens de sensoriamento remoto.

Para isso, inicialmente descrevemos os diferentes tipos de comportamento espectral dos alvos, incluindo as rochas e os minerais, os solos, a água e a vegetação.

Depois, trouxemos algumas técnicas para o pré-processamento de imagens, como correção geométrica, correção de efeitos atmosféricos e correção radiométrica. Também apresentamos conceitos e operadores para o realce de contraste de uma imagem – operações mínimo/máximo, linear, raiz quadrada, quadrado, logarítmica, negativo e equalização de histograma.

Para finalizar, abordamos aspectos da análise visual das imagens, entre eles, cor e tonalidade, textura, padrão, localização, forma e sombra.

Atividades de autoavaliação

1. Rugosidade das superfícies dos alvos; presença de água na superfície de incidência da energia eletromagnética (EE); falhas, fraturas ou pequenos espaços entre as estruturas físicas; e tamanho dos conjuntos constituintes são os principais fatores que interferem na intensidade da reflectância de quais dos alvos a seguir?
   a) Vegetação.
   b) Água.
   c) Rochas e minerais.
   d) Alvos móveis.
   e) Construções e áreas urbanas.

2. Os erros mais comuns no processo de formação da imagem são ocasionados por falhas na leitura do posicionamento das plataformas, fazendo com que a localização dos pixels seja divergente da localização em um sistema de referência. Para corrigir esses erros, precisa-se de:
   a) uma correção geométrica.
   b) uma correção atmosférica.
   c) uma correção nos pixels com ruídos.
   d) um realce de contraste.
   e) uma correção geográfica.

3. Tal processamento tem o objetivo de expandir ou alterar a área de ocupação dos valores de pixels no gráfico relacionado. Estamos nos referindo à(ao):
   a) correção geométrica.
   b) correção radiométrica.
   c) correção nos pixels com ruídos.
   d) realce de contraste.
   e) correção geográfica.

4. Ato de examinar uma imagem por meio de detecção, reconhecimento, análise, dedução, classificação e avaliação da precisão, identificando objetos ou feições e estabelecendo pareceres sobre o que foi observado. A descrição se refere à(ao):
   a) processamento rápido integrado.
   b) teledetecção espacial.
   c) classificação automática.
   d) método de dedução.
   e) análise visual das imagens.

5. A correção desse tipo de erro, ou ruído, é feita por meio de algoritmos que utilizam valores limiares médios para definir quais pixels estão fora dos padrões da imagem. Estamos nos referindo à(ao):
   a) correção geométrica.
   b) correção atmosférica.
   c) correção nos pixels com ruídos.
   d) realce de contraste.
   e) correção radiométrica.

Atividades de aprendizagem

Questões para reflexão

1. Quanto ao comportamento espectral da vegetação, em que faixa espectral ocorre a absorção pela clorofila?

2. Cite uma maneira de fazer a correção atmosférica de uma imagem e o pressuposto dessa técnica.

3. Quais as principais operações de realce de contraste de uma imagem?

4. Para se identificar padrões de uso do solo por meio da interpretação de uma imagem, qual seria a principal característica para o procedimento de uma análise visual?

Atividade aplicada: prática

1. Acesse a página <http://www.dpi.inpe.br/spring/portugues/manuais.html>. Depois, baixe e descompacte o arquivo *tutor_10Aulas_55.exe* e faça a aula 3 (*Registro de imagem*) e o item 1 da aula 4 (*Processamento de imagem > Contraste de imagens*).

3 Processamento de imagens

Como visto no capítulo anterior, uma imagem produto de sensoriamento remoto pode ser entendida como uma matriz composta por pixels com valores digitais frutos da conversão dos valores de radiância captados pelos sensores, dispostos na forma de linhas e colunas.

Esses valores digitais são compostos por um conjunto de números que traduzem os valores de radiância em uma escala de acordo com a resolução radiométrica, ou seja, a quantidade de bits da imagem. Diante disso, é possível realizar uma série de operações e transformações, como aplicar técnicas e gerar índices com tais valores, conforme veremos a seguir.

3.1 Operações aritméticas

Se a imagem é uma matriz composta por pixels com valores numéricos, é possível realizar nelas uma série de operações aritméticas, em especial as operações fundamentais, como adição, subtração, multiplicação e divisão.

Uma operação compreende as transformações realizadas em determinado objeto (Centurión, 2002), por ações mentais ou utilizando ferramentas como calculadoras e computadores. No caso do processamento digital de imagens, as operações servem para transformar os números digitais dos pixels em outros números.

As operações aritméticas em processamento de imagens podem ser diretas (adição e multiplicação) ou inversas (subtração e divisão). As operações diretas alteram um valor inicial, enquanto as operações inversas voltam valores transformados aos valores iniciais, inclusive quando essa transformação ocorre por interferências.

As operações aritméticas são realizadas em cada um dos pixels de maneira individualizada, sempre levando em consideração fatores externos ao valor digital do pixel, seja um limiar, seja a sobreposição de números de outras bandas. Em alguns casos, pode ocorrer saturação, perda ou compressão de dados, diminuindo o número de bandas ou normalizando valores que ultrapassem os limites de níveis de cinza. Nesses casos, todo pixel com valor abaixo do mínimo será incorporado à classe de pixels com o valor mínimo e todo pixel cujo valor ultrapasse o limite máximo será incorporado à classe de pixels com valor máximo.

3.1.1 Adição

Serve para juntar informações com as mesmas características, adicionando valores categorizados ou valores novos a uma categoria existente, realçando similaridades espectrais e destacando áreas com mudanças de direção, como drenagens e feições do relevo.

A adição é empregada "para a obtenção da média aritmética entre as imagens, minimizando a presença de ruído", e, nesses casos: "O valor de ganho deve ser 1/n, onde n é o número de bandas utilizadas na operação" (Inpe, 2009). Essa operação pode ser usada "para a integração de imagens resultantes de diferentes processamentos" (Inpe, 2009).

3.1.2 Subtração

A ideia desse tipo de operação é retirar. Também pode ser um complemento para uma ideia aditiva, uma forma de comparação ou uma maneira de suavizar texturas de uma imagem, realçando as diferenças espectrais para a identificação de diferentes usos da terra.

Nesses casos, é possível identificar diferenças de padrões com base no comportamento espectral. Por exemplo, pode-se detectar diferentes tipos de vegetação (incluindo diferenças na fitossanidade de plantas), variações de minerais e rochas, manchas urbanas, áreas desmatadas ou mudanças de padrão de uso do solo, subtraindo uma banda de outra.

Em geral, antes de uma operação de subtração, é necessário realizar a equalização dos valores para que condicionantes externas não interfiram na operação. Por meio da equalização, é possível ter certeza de que a operação apresentará a diferença real entre as partes.

3.1.3 Multiplicação

Em geral, serve para realizar uma operação entre dois números para que a soma de um deles seja repetida pela quantidade de vezes referente ao outro. Tal operação pode servir para adicionar parcelas iguais de determinados valores e fazer análises combinatórias.

No processamento digital de imagens, a multiplicação pode ser utilizada na aplicação de algoritmos sobre uma imagem, para se identificar padrões que realcem similaridades espectrais. Por exemplo, é possível realizar uma análise combinatória com três bandas diferentes e seus números digitais.

Florenzano et al. (2001) encontraram uma forma de usar a multiplicação de imagens como recurso para obter uma imagem que agrega o realce da informação textural do relevo com a informação espectral. Para isso, multiplicaram a banda 4 ETM do infravermelho próximo, que em áreas com cobertura vegetal consegue ter uma boa informação de relevo, pelas bandas 2, 5 e 7, combinando os resultados dessa multiplicação em uma composição colorida. Comparada com uma composição colorida simples

RGB das bandas 2, 5 e 7, dá para perceber que é uma imagem com maior valor para interpretação visual das formas de relevo, enquanto se vê uma leve suavização das cores que ajuda a retirar, em benefício do intérprete, o efeito distrativo de cores saturadas de outros alvos.

3.1.4 Divisão

Em processamento digital de imagens, as operações de divisão visam distribuir ou agrupar os valores em classes específicas. Segundo o Inpe (2009), tais operações podem ser utilizadas para "realçar as diferenças espectrais de um par de bandas, caracterizando determinadas feições da curva de assinatura espectral de alguns alvos".

A divisão pode ser empregada para reduzir as diferenças de radiância em decorrência das variações do relevo, ressaltar corpos d'água, determinar índices de biomassa, diferenciar áreas foliadas, detectar doenças em plantas, identificar áreas com alteração hidrotermal, detectar óxidos de ferro etc.

Uma das operações de divisão mais utilizadas em processamento digital de imagens é a criação do índice de vegetação de diferença normalizada (NDVI), que compreende a razão entre as bandas da faixa espectral do vermelho e do infravermelho próximo (NIR). Adiante, veremos mais detalhes sobre o NDVI.

3.2 Filtragem

Diferentemente das operações aritméticas, realizadas pixel a pixel independentemente dos valores ao redor, as técnicas de filtragem empregam a correlação dos pixels com seus vizinhos próximos por meio da utilização de máscaras.

Na maioria das vezes, o imageamento por sensoriamento remoto não capta em sua totalidade as particularidades de um objeto, especialmente por conta do tamanho mínimo de área imageada (pixel) ser maior do que os detalhes de alguns alvos. Além disso, é possível que alvos maiores sejam captados por vários pixels. Em ambos os casos, podemos dizer que os pixels têm correlação muito próxima com os pixels vizinhos, denotando interdependência entre eles.

Porém, existem possibilidades de rompimentos abruptos de padrões de homogeneidade nas imagens. Por exemplo, uma pequena estrada que corte ao meio uma plantação de soja irá causar uma quebra nos padrões dos pixels, ou até mesmo a diferença entre talhões com culturas diferentes. Nesses casos, pode-se aplicar técnicas de filtragem para identificar mudança de padrões e ter certeza de que tais quebras não são pixels ruidosos.

3.2.1 Filtros lineares

As imagens de sensoriamento remoto captam a radiância de vários alvos em uma cena e, de acordo com o tamanho do pixel, podem sofrer interferências diretas dessa heterogeneidade, resultando em grande variação da frequência do brilho da imagem. Os filtros lineares são utilizados para suavizar ou realçar tal variação, minimizando ou enfatizando a presença de ruídos, sem alterar a média da imagem. Alguns filtros lineares são descritos pelo Inpe (2009) e por Meneses e Santa Rosa (2012), conforme veremos a seguir.

O **filtro passa-alta** realça as feições de alta frequência, destacando as estruturas e dando maior nitidez às transições entre regiões diferentes, como bordas, detalhes, contatos, linhas de crista, entre outros. Para esse filtro, é utilizada a máscara 3 × 3, conforme mostra a figura seguinte.

Figura 3.1 - Máscaras 3 × 3 para filtro passa-alta

0	-1	0		-1	-1	-1		1	-2	1
-1	5	-1		-1	9	-1		-2	5	-2
0	-1	0		-1	-1	-1		1	-2	1

Diferentemente do passa-alta, o **filtro passa-baixa** elimina as altas frequências e suaviza a imagem, deixando-a mais homogênea, o que provoca a perda de nitidez. Tal filtro utiliza as máscaras de média 3 × 3, 5 × 5 e 7 × 7, apresentados na próxima figura. Quanto maior a máscara, menor a nitidez da imagem. Esse tipo de filtro pode ser utilizado para a eliminação de ruídos da imagem.

Figura 3.2 - Máscaras para filtro passa-baixa

3 × 3

ND	ND	ND
ND	**ND**	ND
ND	ND	ND

5 × 5

ND	ND	ND	ND	ND
ND	ND	ND	ND	ND
ND	ND	**ND**	ND	ND
ND	ND	ND	ND	ND
ND	ND	ND	ND	ND

7 × 7

ND	ND	ND	ND	ND	ND	ND
ND	ND	ND	ND	ND	ND	ND
ND	ND	ND	ND	ND	ND	ND
ND	ND	ND	**ND**	ND	ND	ND
ND	ND	ND	ND	ND	ND	ND
ND	ND	ND	ND	ND	ND	ND
ND	ND	ND	ND	ND	ND	ND

O filtro passa-baixa pode ser aplicado por média ponderada, atribuindo pesos aos pixels em função de sua distância do pixel central. Quanto maior o peso do pixel central, menores os efeitos da suavização. Observe a figura a seguir.

Figura 3.3 – Máscaras 3 × 3 para filtro passa-baixa que utilizam média ponderada

1	1	1
1	2	1
1	1	1

1	2	1
2	4	2
1	2	1

3.2.2 Filtros não lineares

Também minimizam ou realçam ruídos e bordas, mas de modo diferente dos filtros lineares. Os filtros não lineares alteram a média da imagem e são os principais filtros para detecção de bordas (chamados de *filtros laplacianos*). Detectam características como bordas, linhas, curvas e manchas, e os mais comuns são os operadores de Roberts e Sobel (Inpe, 2009).

Os **filtros do tipo realce de bordas** destacam a cena de acordo com as direções definidas pelo usuário entre as máscaras preexistentes, com as direções dos pontos cardeais, conforme demonstrado na figura a seguir. Assim, uma máscara de realce de borda leste irá enfatizar os limites verticais da imagem; já a máscara norte vai realçar os limites horizontais.

Figura 3.4 – Máscaras para filtros de realce direcional de bordas

Norte

1	1	1
1	-2	1
-1	-1	-1

Nordeste

1	1	1
-1	-2	1
-1	-1	1

Leste

-1	1	1
-1	-2	1
-1	1	1

Sudeste

-1	-1	1
-1	-2	1
1	1	1

Sul

-1	-1	-1
1	-2	1
1	1	1

Sudoeste

1	-1	-1
1	-2	-1
1	1	1

Oeste

1	1	-1
1	-2	-1
1	1	-1

Noroeste

1	1	1
1	-2	-1
1	-1	-1

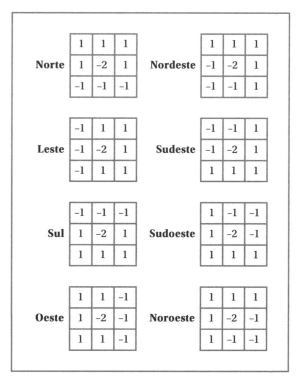

Os **filtros laplacianos** são utilizados para resgatar a informação tonal. Isso pode ser obtido por meio das máscaras exemplificadas na figura seguinte, divididas em alta, média e baixa.

Figura 3.5 – Máscaras para filtros laplacianos

Alta

-1	-1	-1
-1	8	-1
-1	-1	-1

Média

0	-1	0
-1	4	-1
0	-1	0

Baixa

1	-2	1
-2	3	-2
1	-2	1

3.2.3 Filtros morfológicos

Utilizam máscaras que apresentam valores 0 ou 1 e podem ser um filtro de mediana, erosão ou dilatação. O filtro da mediana é utilizado para suavização e eliminação de ruído, mantendo a dimensão da imagem.

O filtro morfológico de erosão provoca efeitos de erosão (redução) das partes claras da imagem, gerando imagens mais escuras. O filtro morfológico de dilatação age de forma contrária, provoca efeitos de expansão das partes claras da imagem. Eles possuem aplicações na remoção do ruído e na segmentação da imagem para classificação. (Meneses; Santa Rosa, 2012, p. 181)

Os filtros de erosão e dilatação utilizam o conceito de abertura e fechamento; a abertura seguida do fechamento gera o efeito de dilatação, enquanto o fechamento seguido da abertura ocasiona o efeito de erosão.

3.3 Transformações

Nas imagens multiespectrais, observa-se uma alta correlação entre bandas individuais adjacentes, com redundâncias e similaridades visuais e numéricas indesejáveis na análise espectral, diminuindo a eficiência das composições coloridas. Tais redundâncias podem ser produto, por exemplo, do efeito de sombras produzidas pelo relevo ou de radiâncias parecidas entre objetos próximos ou vizinhos.

> **Duas imagens são ditas correlacionadas quando, dada a intensidade de um determinado pixel em uma delas, pode-se deduzir com razoável aproximação a intensidade do pixel correspondente na outra imagem.** Se as duas imagens são absolutamente idênticas, as imagens são ditas 100% correlacionadas. Se uma delas é o negativo da outra, essa dedução também pode ser feita precisamente, mas neste caso as imagens são ditas serem –100% correlacionadas. (Crósta, 1992, p. 137, grifo do original)

Uma das principais técnicas de transformação para diminuir ou eliminar as redundâncias é a **técnica dos componentes principais**, cujo objetivo é criar um espaço de representação com um número de dimensões de acordo com a quantidade de bandas a serem correlacionadas, calculando o grau de variação e criando imagens com o mapeamento dos coeficientes de correlação, o que permite identificar novos componentes não presentes nas bandas primárias.

A transformação, derivada da matriz de covariância, envolve a rotação e a translação no eixo de coordenada das imagens, produzindo os chamados *componentes* na mesma quantidade de bandas do processo. O conteúdo de informação de uma imagem é redistribuído para concentrar a maior parte da variância total e um maior contraste, gerando conjuntos de autovalores (Schowengerdt, 1983; Richards, 1986; Watrin; Santos; Valério Filho, 1996).

Os **autovalores** representam o comprimento dos eixos das componentes principais de uma imagem e são medidos em unidade de variância. Associados a cada autovalor existe um vetor de módulo unitário chamado autovetor. Os autovetores representam as direções dos eixos das componentes principais. São fatores de ponderação que definem a contribuição de cada banda original para uma componente principal, numa combinação aditiva e linear. (Inpe, 2009, grifo do original)

Nesses casos, a primeira componente principal tem a maior variância (maior contraste) e a última, a menor variância.

Ao realizar a transformação por componentes principais, a maioria dos programas de processamento digital de imagens transforma os autovetores em valores percentuais para facilitar as análises. Desse modo, pode-se comparar os percentuais com as curvas espectrais dos alvos predominantes, ou seja, os componentes principais.

O programa Spring, do Inpe, permite tais análises por meio de um quadro estatístico informacional com os parâmetros e dados dos autovalores e autovetores, a banda de referência, a média, a variância, o componente em questão e os percentuais de correlação, conforme figura a seguir, uma imagem do satélite CBERS-4A, com as bandas B1, B2 e B3 do sensor WPM.

Figura 3.6 – Parâmetros dos componentes principais

No exemplo anterior, a primeira componente principal (P1) tem um autovalor em percentual de 90,02 – isso significa que pouco mais de 90% das informações de B1, B2 e B3 estão em P1, representando a associação das sombras relacionadas ao relevo. Os componentes P2 e P3 têm 8,8% e 1,18% de representatividade, respectivamente, e apresentam os ruídos existentes nos dados originais.

De acordo com a matriz de autovetores, para P1 a banda 3 é a que contribui com maior número de informações (0,78). Para P2, a banda 2 contribui mais, com 0,77. Por fim, em P3 a banda 1 tem maior participação, com 0,91. Nas figuras seguintes, pode-se visualizar os resultados dos componentes principais (P1, P2 e P3).

Figura 3.7 – Componente principal P1

CBERS-4A. Órbita/Ponto: 209/142. Câmera WPM. Lupionópolis: Inpe, 6 jul. 2021. Imagem de satélite. Componentes principais das bandas 1, 2 e 3 em escala de cinza.

Figura 3.8 – Componente principal P2

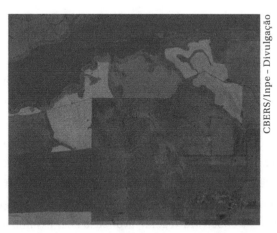

CBERS-4A. Órbita/Ponto: 209/142. Câmera WPM. Lupionópolis: Inpe, 6 jul. 2021. Imagem de satélite. Componentes principais das bandas 1, 2 e 3 em escala de cinza.

Figura 3.9 – Componente principal P3

CBERS-4A. Órbita/Ponto: 209/142. Câmera WPM. Lupionópolis: Inpe, 6 jul. 2021. Imagem de satélite. Componentes principais das bandas 1, 2 e 3 em escala de cinza.

3.4 Índices espectrais

São formulações matemáticas desenvolvidas com base em dados espectrais de bandas específicas que visam avaliar aspectos particulares de determinados alvos.

Um dos principais índices espectrais utilizados no processamento digital de imagens de sensoriamento remoto é o Índice de Vegetação (IV) (Cohen et al., 2003; Dorigo et al., 2007; Formaggio; Sanches, 2017). Tal índice pode ser utilizado para avaliações e estimativas da cobertura vegetal, avaliação de fitossanidade e fitomassa e atividade fotossintética de determinadas plantas.

O uso das bandas do vermelho e infravermelho para cálculos de IV se dá por conta do comportamento espectral da vegetação nessas duas faixas do espectro eletromagnético. Em geral, a estrutura das plantas apresenta baixa radiância na faixa do vermelho e alta radiância na faixa do infravermelho.

Como citado anteriormente, uma das operações de divisão mais utilizadas em processamento digital de imagens é a criação do índice de vegetação por diferença normalizada (NDVI), que considera a razão entre as bandas da faixa espectral do vermelho e do infravermelho próximo (NIR).

O NDVI foi proposto inicialmente por Rouse et al. (1973) em um estudo realizado no corredor das grandes planícies dos Estados Unidos, o qual considerou sistemas de vegetação natural como indicadores fenológicos de desenvolvimento sazonal e climático e seus efeitos sobre as condições de crescimento regional. O método foi desenvolvido para medição quantitativa das condições da vegetação em amplas regiões, com o uso de valores de radiância do ERTS-1 MSS registrados nas bandas espectrais 5 e 7, executando a razão das bandas correlacionadas com a biomassa verde em pastagens. A razão entre bandas no NDVI é expressa pela seguinte equação:

$$NDVI = \frac{NIR - R}{NIR + R}$$

Em que:
NDVI = índice de vegetação de diferença normalizada
NIR = banda do infravermelho próximo
R = banda do vermelho

O NDVI é um dos índices mais utilizados, especialmente na agricultura, por sua capacidade de identificação e monitoramento de mudanças sazonais e interanuais no desenvolvimento e na atividade da vegetação, além de possibilitar a redução de ruídos multiplicativos nas bandas de imagens de múltiplas datas (Jensen, 2009).

Síntese

Neste terceiro capítulo, buscamos mostrar os princípios para o processamento de imagens. Para tanto, trouxemos as principais técnicas que podem ser aplicadas.

Inicialmente, abordamos as principais operações aritméticas, uma vez que a imagem é uma matriz composta por pixels com valores numéricos, e, portanto, podemos realizar operações de adição, subtração, multiplicação e divisão desses valores.

Na sequência, apresentamos técnicas de filtragem, com a utilização de filtros lineares, não lineares e morfológicos, além dos aspectos relativos à transformação em imagens, particularmente, a transformação de componentes principais.

Por fim, apresentamos aspectos dos índices espectrais, em especial o NDVI.

Atividades de autoavaliação

1. Uma imagem é uma matriz composta por pixels com valores numéricos. Nesse caso, podemos realizar uma série de operações aritméticas, entre elas:
   a) audição, visualização e triagem.
   b) triangulações e equações polinomiais.

c) adição e subtração.
d) diagrama de adição.
e) geocodificações e composição colorida.

2. A técnica que emprega a correlação dos pixels com seus vizinhos próximos por meio da utilização de máscaras chama-se:
   a) filtragem.
   b) purificação.
   c) mesclagem.
   d) vizinhança linear.
   e) vizinhança próxima.

3. Utilizam máscaras que apresentam valores 0 ou 1 e podem ser um filtro de mediana, erosão ou dilatação:
   a) Filtros geológicos.
   b) Filtros pedológicos.
   c) Filtros geomorfológicos.
   d) Filtros morfológicos.
   e) Filtros binários.

4. A técnica cujo objetivo é criar um espaço de representação com um número de dimensões de acordo com a quantidade de bandas a serem correlacionadas denomina-se:
   a) espacial de representação.
   b) componentes principais.
   c) espacial dimensional.
   d) correlação espacial.
   e) filtragem.

5. Marque a alternativa que apresenta formulações matemáticas desenvolvidas com base em dados espectrais de bandas específicas que visam avaliar aspectos particulares de determinados alvos:
   a) Índices de filtragens.
   b) Índices espectrais.
   c) Índices de vulnerabilidade.
   d) Índices de mesclagens.
   e) Índices de vizinhança próxima.

Atividades de aprendizagem

Questões para reflexão

1. Quais máscaras podem ser utilizadas por filtros lineares passa-baixa?

2. Nas transformações por componentes principais, o que é representado pela porcentagem de autovalor?

3. Qual a importância de utilização dos filtros no processamento de imagens?

Atividade aplicada: prática

1. Acesse a página <http://www.dpi.inpe.br/spring/portugues/manuais.html>. Depois, baixe e descompacte o arquivo *tutor_10Aulas_55.exe* e faça o item 4 da aula 4 (*Operações aritméticas entre imagens*).

4

Visualização e processamento de imagens coloridas

Como visto no primeiro capítulo, o olho humano é um sistema óptico capaz de transformar os sinais de radiância dos objetos em imagens, distinguindo comprimentos de onda na faixa do visível, especificamente nas faixas do azul, do verde e do vermelho. Em decorrência disso, o olho humano é capaz de diferenciar facilmente as várias combinações das cores primárias aditivas e suas tonalidades.

Como os principais fatores de interpretação visual das imagens são a cor e a tonalidade, o objetivo deste capítulo é introduzir o conceito de cores e seus diferentes modelos para a realização de análises e composições coloridas.

4.1 Modelos de cores

Existem três modelos de cores principais aplicados ao processamento digital de imagens: o modelo RGB (*red, green, blue*), o modelo CMY (*cian, magenta, yellow*) e o modelo IHS (*intensity, hue, saturation*). Os dois primeiros fazem parte de uma representação cúbica, enquanto o último pode fazer parte de uma representação cônica ou de outras formas geométricas. Todos os modelos partem do pressuposto de localização das cores dentro do espaço de representação numérico, como veremos a seguir.

4.1.1 Modelo RGB

Considera o uso da combinação das três cores primárias aditivas, ou seja, vermelho (R), verde (G) e azul (B), levando em conta a mistura dos valores digitais, ou níveis de cinza, de cada um dos três canais.

Figura 4.1 – Modelo de cores RGB

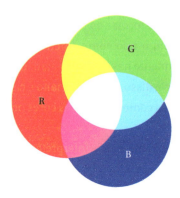

Conforme apresentado anteriormente, a formação de uma imagem de sensoriamento remoto é dada em decorrência da resolução radiométrica do sensor. Atualmente, as imagens geradas pelos principais satélites têm 8 ou 10 bits, e os componentes são expressos em um universo de contraste que contém 256 ou 1.024 níveis de cinza, respectivamente. Ao se aplicar o modelo de mistura de cores RGB em três bandas de um satélite, é definida uma cor única para cada pixel da imagem sintética resultante.

O modelo RGB utiliza a lógica de representação espacial em forma de cubo, na qual os valores, ou coeficientes de mistura, entre as três cores primárias aditivas são localizados dentro do universo de representação. Nesse caso, as três cores (RGB) são colocadas nos eixos do cubo, e as cores variam de acordo com um eixo central que vai do preto, local em que as três arestas RGB se encontram (R0, G0, B0), até o branco, local em que as três arestas têm valor total (R máximo, G máximo, B máximo). De acordo com Crósta (1992, p. 62), é possível representar quantitativamente qualquer cor como um grupo de três números ou coeficientes. Os três coeficientes de cor podem ser plotados em um conjunto de eixos tridimensionais, onde cada eixo representa uma cor (RGB). Os três coeficientes vão definir o quanto de cada cor primária será necessária para produzir qualquer tonalidade.

Matematicamente, a representação de uma cor pode ser dada por:

$$C = r \cdot R + g \cdot G + b \cdot B$$

Em que:
C = cor resultante
R, G, B = cores primárias
r, g, b = coeficientes de mistura

Na lógica espacial do cubo RGB, quando são aplicadas as intensidades máximas de valores digitais nos canais RGB, o resultado é um pixel branco; já a aplicação de valores mínimos (0, 0 e 0) nos três canais retorna um pixel na cor preta.

4.1.2 Modelo CMY

É um modelo complementar ao RGB, com o mesmo espaço cúbico de representação, porém utiliza as cores primárias subtrativas, ou seja, o ciano (C), o magenta (M) e o amarelo (Y), para definir a cor resultante.

É empregado principalmente em impressões em papel nas quais a tinta é impressa na superfície branca, e a combinação de cores C, M e Y subtrai o brilho da superfície.

Figura 4.2 – Modelo de cores CMY

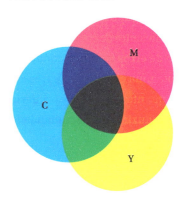

4.1.3 Modelo IHS

Usa a intensidade (I), a matiz ou *hue* (H) e a saturação (S) para definir as cores. Esse modelo também é conhecido como *HSB* (matiz, saturação e brilho) e HSV (matiz, saturação e valor).

O modelo IHS tem representação cônica, na qual o componente **intensidade** (I), localizado no eixo central do cone, representa o brilho ou a quantidade de branco. Quanto mais no topo do cone, maiores os valores de I e mais brilhante é a cor, que é branca no ponto central. Em sensoriamento remoto, I traduz a medida de energia total envolvida nos comprimentos de ondas.

A **matiz** (H) está localizada no topo do cone e representa as cores padrões. É expressa em graus, de acordo com sua localização no círculo – o vermelho está localizado no grau 0 (360); o amarelo, no grau 60; o verde, no grau 120; o ciano, no grau 180; o azul, no grau 240; e o magenta, no grau 300. A matiz também representa o comprimento médio da luz que se omite ou que se reflete, definindo a cor do objeto-alvo imageado.

Por fim, a **saturação** (S), que vai do centro do cone até as bordas, descreve a vivacidade das cores – quanto maior o valor de saturação, mais vívida é a cor. Expressa, também, o intervalo de comprimento de onda ao redor do comprimento de onda médio, no qual a energia é refletida ou transmitida. Nesse caso, um objeto com alta saturação será representado por uma cor pura, enquanto elementos com baixa saturação irão indicar uma mistura de comprimentos de onda, deixando as cores apagadas.

No caso do processamento digital de imagens de sensoriamento remoto, o modelo IHS é bastante utilizado por apresentar características capazes de melhorar a qualidade das imagens por conta da substituição do componente intensidade (I), mantendo as cores e a saturação, responsáveis pela percepção da cor no sistema óptico do ser humano. É por meio dessa substituição que ocorre, por exemplo, a fusão de imagens com resoluções espaciais diferentes, ou de sensores diferentes.

Figura 4.3 – Modelo de cores IHS

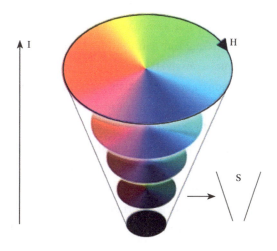

4.2 Composição falsa cor

De maneira geral, a composição colorida denominada de *falsa cor* é aquela que não faz jus à combinação das cores RGB, com as respectivas bandas relacionadas aos comprimentos de onda da faixa espectral do visível dessas mesmas cores.

Assim, quando se aplica cores em bandas espectrais do infravermelho próximo, combinadas com outras duas bandas do visível, por exemplo, a imagem sintética de saída corresponderá a uma imagem de falsa cor, mesmo que a vegetação esteja pigmentada de verde.

Os programas de processamento digital de imagem processam a composição colorida por meio de algoritmos que combinam três imagens e seus respectivos valores de cinza, utilizando um modelo de mistura (RGB ou IHS), obtendo assim uma imagem sintética colorida.

Outra maneira de se criar uma composição de falsa cor é realizando o realce de contraste por meio do método de fatiamento de cores, que realça e aplica as cores aditivas primárias, o cinza e o branco nos pixels que se situarem em um intervalo específico, isto é, entre um máximo e um mínimo. No programa Spring/Inpe, por exemplo, é possível fazer o fatiamento pelo método normal (intervalos constantes), equidistribuído (mesma quantidade de pixels em cada fatia) ou arco-íris (divisão dos níveis de cinza conforme as cores do arco-íris).

Na figura a seguir, que apresenta imagens do satélite CBERS-4A, são demonstrados alguns exemplos de composições coloridas falsa cor: em (b) e (c), são comparadas à composição colorida verdadeira, demonstrada em (a), esta formada pelas bandas da faixa do visível, combinadas com suas respectivas cores.

No caso do satélite CBERS-4A, a banda 1 atua na faixa do azul; a banda 2, na faixa do verde; a banda 3, na faixa do vermelho; e a banda 4, na faixa do infravermelho próximo. Na composição de falsa cor (b), foi aplicada a cor azul à banda 1, a cor verde à banda 3 e a cor vermelha à banda 4, destacando em vermelho as áreas cobertas com vegetação. Em (c), aplicou-se a cor azul à banda 1, a cor vermelha à banda 3 e a cor verde à banda 4, destacando em verde as áreas cobertas com vegetação.

Figura 4.4 – Exemplos de composições coloridas do satélite CBERS-4A

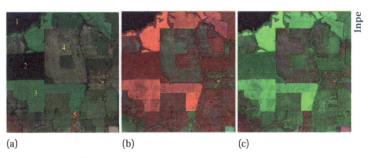

CBERS-4A. Órbita/Ponto: 209/142. Câmera WPM. Lupionópolis: Inpe, 6 jul. 2021. Imagem de satélite. Composições coloridas das bandas 1, 2, 3 e 4: (a) composição colorida 1B, 2G e 3R (cores verdadeiras); (b) composição colorida 1B, 3G e 4R (falsa cor); (c) composição colorida 1B, 3R e 4G (falsa cor). Disponível em: <http://www2.dgi.inpe.br/catalogo/explore>.

A utilização de composições de falsa cor e suas combinações de cores e bandas não tem um padrão predeterminado. Como aponta Crósta (1992, p. 65, grifo do original), **"nunca se deve aceitar 'receitas' de composições coloridas de determinadas bandas em determinadas cores"**, isso porque os satélites têm características específicas em cada uma de suas bandas e a combinação de cores será uma questão de preferência do analista.

4.3 Transformações em espaços de cores

Como visto nos itens anteriores, a cor de um pixel na imagem de sensoriamento remoto pode ser representada pela combinação ou mistura das cores primárias aditivas do modelo RGB, ou pela combinação entre matiz, intensidade e saturação do modelo IHS. Por serem independentes, os três parâmetros do modelo IHS podem ser analisados e modificados separadamente, ajustando as características de cada canal para melhorar a visualização.

> O modelo de cores RGB pode ser mapeado para o modelo IHS e vice-versa. A intensidade é denotada por I (*intensity*), o matiz por H (*hue*) e a saturação por S (*saturation*). [...] Em Gonzalez e Woods (2000) tem-se um detalhamento sobre a transformação IHS e suas equações. A componente I é definida como a média das bandas R, G e B e pode ser usada quando se deseja observar as bordas de uma imagem colorida pois faz uma simplificação do mapeamento de três bandas em uma imagem de níveis de cinza. (Candeias et al., 2016, p. 24)

Na transformação de RGB para IHS, as médias de R, G e B definem o valor da componente intensidade (I), simplificando o espaço das três bandas em uma imagem representada por níveis de cinza. Outras duas imagens são geradas, uma com a componente matiz (H) e outra com a saturação (S). Após a transformação, as componentes I e S podem ter seus contrastes ajustados para melhor representar as nuances e a diferenciação de cores da imagem ao retornar para o espaço RGB.

Segundo Crósta (1992), a técnica de transformação RGB/IHS serve para produzir composições coloridas com correlação reduzida entre as bandas, utilizando melhor o espaço de cores, e para combinar diferentes tipos de imagens, ou mesmo imagens de naturezas diferentes, como a fusão de diferentes bandas e diferentes sensores.

Na imagem a seguir, foi realizada a fusão de bandas B0, B1, B2 e B3 do satélite CBERS-4A, utilizando o método de transformação RGB/IHS. As bandas 1, 2 e 3, com oito metros de resolução espacial, foram inseridas no universo de representação RGB (R3, G2 e B1) das três imagens IHS resultantes. O componente I foi substituído pela banda 0, que tem dois metros de resolução espacial. Ao finalizar a fusão, as imagens foram convertidas novamente para o sistema RGB, resultando em imagens com dois metros de resolução espacial, conforme mostra a Figura 4.6.

Figura 4.5 – Composição colorida (B1, G2, R3)

CBERS-4A. Órbita/Ponto: 209/142. Câmera WPM. Lupionópolis: Inpe, 6 jul. 2021. Imagem de satélite. Composição colorida 1B, 2G e 3R (cores verdadeiras). Disponível em: <http://www2.dgi.inpe.br/catalogo/explore>.

Figura 4.6 – Fusão das bandas B0, B1, B2 e B3 pelo método RGB-IHS

CBERS-4A. Órbita/Ponto: 209/142. Câmera WPM. Lupionópolis: Inpe, 6 jul. 2021. Imagem de satélite. Processo de fusão das bandas 0, 1, 2, 3 e 4. Composição colorida (cores verdadeiras). Disponível em: <http://www2.dgi.inpe.br/catalogo/explore>.

Síntese

Neste quarto capítulo, foram introduzidos os conceitos de cores e os diferentes modelos que auxiliam nas análises das imagens de sensoriamento remoto.

Na primeira parte, abordamos o conceito de modelo de cores, incluindo a apresentação dos três principais modelos: o RGB (*red, green, blue*), o CMY (*cian, magente, yellow*) e o IHS (*intensity, hue, saturation*).

Depois, apresentamos o conceito de composição colorida de falsa cor, aplicando combinações de cores primárias aditivas em bandas espectrais.

Por fim, vimos a transformação em espaços de cor, RGB-IHS ou IHS-RGB, utilizadas, entre outras coisas, para a fazer a fusão de bandas e aprimorar a resolução espacial.

Atividades de autoavaliação

1. Marque a alternativa que apresenta o modelo que considera o uso da combinação das três cores primárias aditivas, levando em conta a mistura dos valores digitais, ou níveis de cinza, de cada um dos três canais:
   a) Modelo de brilho.
   b) Modelo RGB.
   c) Modelo IHS.
   d) Modelo CMY.
   e) Modelo de escalas de cinza.

2. O modelo RGB utiliza a lógica de representação espacial em forma de:
   a) cores.
   b) cubo.
   c) cone.
   d) níveis de cinza.
   e) atributos de uma tabela.

3. O modelo IHS emprega a lógica de representação espacial em forma de:
   a) cores.
   b) cubo.
   c) cone.
   d) níveis de cinza.
   e) atributos de uma tabela.

4. Marque a alternativa que contém o nome da técnica de transformação que serve para produzir composições coloridas com correlação reduzida entre as bandas utilizando melhor o espaço de cores e para combinar diferentes tipos de imagens:
   a) Técnica de fuselagem.
   b) Componentes principais.
   c) RGB/IHS.
   d) Correlação espacial.
   e) Composição de bandas.

5. No caso do satélite CBERS-4A, qual a banda que atua na faixa do vermelho (R)?
   a) Banda 0.
   b) Banda 1.
   c) Banda 2.
   d) Banda 3.
   e) Banda 4.

Atividades de aprendizagem

Questões para reflexão

1. Quais os três principais modelos de cores existentes?

2. Quais são as três cores primárias aditivas?

3. Por que a resolução radiométrica interfere na qualidade da cor da imagem?

Atividade aplicada: prática

1. Acesse a página <http://www.dpi.inpe.br/spring/portugues/manuais.html>. Depois, baixe e descompacte o arquivo *tutor_10Aulas_55.exe* e faça o item 3 da aula 4 (*Transformação IHS*).

5

Classificação de imagens

Como vimos no Capítulo 1, o principal objetivo do sensoriamento remoto é adquirir informações sobre objetos e fenômenos por meio das propriedades eletromagnéticas, transformando-as em informações e produtos que possam ser analisados por técnicas específicas. Entre essas técnicas, podemos considerar a classificação de imagens como uma das mais importantes e utilizadas nos mais variados trabalhos e estudos.

A classificação de imagens de sensoriamento remoto consiste em encontrar valores ou padrões de pixels iguais ou similares e agrupá-los de acordo com uma regra estatística preestabelecida pelo programa ou analista, de maneira automática ou manual.

As classificações podem ser feitas pixel a pixel ou por crescimento de regiões, de maneira supervisionada ou não supervisionada, em uma imagem que contém uma banda específica ou em uma composição de diferentes bandas.

Após a classificação, independentemente de método, algoritmo e técnica, o resultado gerado é um tipo de mapa temático cujas classes representam áreas relativamente homogêneas ou padrões de disposição de objetos na superfície. Pode ser um mapa de uso do solo, de vegetação, de solos, de áreas desmatadas, de culturas agrícolas, de manchas urbanas, além de uma infinidade de outras possibilidades.

O reconhecimento de padrões, segundo Meneses e Sano (2012), faz parte da técnica de análise de dados da imagem extraídos por operadores automatizados, realizada pelo cérebro humano, que rotula certas texturas, tonalidades, cores e contextos em classes de alvos ou objetos por meio de um treinamento cerebral desenvolvido ao longo da experiência de vida.

Além dessa experiência cerebral necessária por parte do analista, programas computacionais de processamento de imagens auxiliam muito para que o trabalho tenha mais rigor científico, utilizando algoritmos e operações matemáticas para ajudar na separação de pixels de acordo com padrões espectrais específicos. Assim, o objetivo deste capítulo é apresentar as metodologias de classificação e pós-classificação de imagens, além de modelos que podem ser implementados em diferentes aplicativos de tratamento de imagens.

5.1 Classificação não supervisionada de imagens

É a técnica de separação automática dos pixels de uma imagem com a utilização de algoritmos específicos, que não necessitam do conhecimento prévio do analista sobre a área a ser classificada.

Nesse caso, os algoritmos fazem a classificação de acordo com parâmetros de similaridades previamente estabelecidas, fazendo com que os pixels sejam agrupados conforme as características espectrais, em um limiar específico de aceitação.

Tal classificação é indicada quando não se tem informações suficientes sobre o contexto da cena ou sobre os tipos de alvos que estão sendo imageados. Com essa técnica, pode-se estabelecer padrões para, posteriormente, analisar o comportamento espectral dos alvos e compará-los com outros dados ou estudos existentes.

Aliando a classificação não supervisionada à análise visual da imagem e aos trabalhos de campo, é possível definir áreas específicas para aquisição de amostras de treinamento para uma classificação supervisionada.

Outra característica da classificação não supervisionada é a capacidade de encontrar pixels com valores espectrais muito diferentes ou isolados em um contexto de área mais homogêneo, o que permite a identificação de alvos fora dos padrões para determinada região, como uma espécie arbórea diferente em uma floresta, ou uma construção com cobertura diferente em um conjunto habitacional. Nesses casos, os resultados deverão ser acompanhados por uma investigação posterior ao processamento.

Existem alguns tipos de algoritmos que fazem a classificação não supervisionada nos diferentes tipos de programas de processamento digital de imagens. Entre os principais, podemos citar o K-medias e o Isodata, que fazem a classificação pixel a pixel, e o Isoseg, que faz a classificação por regiões. Acompanhe.

5.1.1 Método K-medias

O algoritmo K-medias é bastante aplicado em classificações não supervisionadas de imagens pixel a pixel, utilizando o método de agrupamento, ou análise de cluster, com aplicação, em geral, de duas variantes específicas: a mínima distância interativa, descrita inicialmente por Forgy (1965), e a escalada (*hill climbing*), descrita por Rubin (1967).

No caso desse algoritmo, os conjuntos de pixels que seguem padrões específicos são agrupados em clusters, como se fossem uvas em um cacho. Os cachos maduros são colhidos e os cachos verdes não, surgindo dois grupos, que podem ser subdivididos de acordo com os respectivos grupos, ou seja, os pixels são agrupados em clusters nos quais as características dos centroides são semelhantes e as diferenças entre os pixels periféricos aumentam.

O K-medias faz uma separação dos pixels partindo do centro, gerando um número específico de observações nos grupos, segundo a proximidade entre o pixel analisado e a média. A cada camada de aplicação ou repetição de processo definido pelo usuário, as médias são recalculadas com base nas médias anteriores, para refinar os resultados. O resultado é um tipo de diagrama de Voronoy, no qual a diferenciação de classes e sua transformação em um espaço geométrico são dadas pelo agrupamento de pixels, determinado pela distância entre os vários grupos.

Por utilizar os centroides como ponto de partida para as análises dos pixels e a formação dos grupos, o algoritmo pode produzir cluster que não esteja incorporado a nenhuma classe, retornando espaços vazios na imagem classificada final, o que requer do usuário um cuidado na leitura dos resultados.

5.1.2 Método Isodata

O método Isodata (*Iterative Self-Organizing Data Analysis Techniques*) é outro algoritmo que realiza a classificação não supervisionada, pixel a pixel, por meio do método de agrupamento em cluster, com a vantagem de ajustar automaticamente os agrupamentos durante o processo, podendo unir clusters, ou parte deles, além de particionar grupos caso os desvios-padrões atinjam os limiares definidos pelo usuário.

Nesse caso, os pixels vão sendo incorporados aos grupos de clusters que estejam mais próximos a eles. Em cada atualização do processo, os centroides dos clusters são atualizados em decorrência de novos arranjos que vão surgindo. Alguns desses arranjos podem ser divididos para encontrar o ajustamento que melhor responda ao objetivo padrão, até que o número máximo de processos e interações seja alcançado.

Mesmo com todo o esforço do algoritmo para reprocessar resultados e fazer todas as interações possíveis na análise dos clusters, existe a possibilidade de alguns pixels não serem incorporados a classe alguma, deixando espaços vazios entre os conjuntos. Porém, as classes vazias ocorrem em menor frequência se esse método for comparado com o método K-medias.

Por conta do volume de dados processados e das repetições, o Isodata acaba se tornando um algoritmo de processamento lento. Para resolver esse problema, Memarsadeghi et al. (2007) apresentaram uma abordagem mais eficiente para agrupamento, com o Isodata integrado ao programa SAGA® (*System for Automated Geoscientific Analyses*), alcançando melhores tempos de execução por meio do armazenamento dos pontos em uma espécie de árvore (*kd-tree*).

Esse processamento envolve uma decomposição hierárquica do espaço em grandes retângulos alinhados a um eixo de células, em que cada célula corresponde a um nó da árvore, associados ao subconjunto dos pontos dentro dessa célula. Cada nó interno da árvore armazena um plano de divisão ortogonal do eixo que subdivide a célula em duas partes associadas aos lados (esquerdo e direito) do nó. Por fim, os nós que contêm apenas um ponto são declarados folhas da árvore.

5.1.3 Método Isoseg

Diferentemente dos dois algoritmos de classificação não supervisionada apresentados anteriormente, o Isoseg faz a classificação por meio do agrupamento de dados aplicados sobre um conjunto de regiões, e não pixel a pixel. Está disponível no programa Spring/Inpe para classificar regiões de uma imagem segmentada caracterizadas por seus atributos estatísticos de média, matriz de covariância e área (Inpe, 2022c).

O algoritmo agrupa regiões com base em uma medida de similaridade entre elas, utilizando para isso a distância de Mahalanobis entre a classe e as regiões candidatas à relação de pertinência com essa classe. A ponderação é feita pela inversa das matrizes de variância e covariância.

Para o funcionamento do algoritmo, é preciso definir o limiar de aceitação em valores percentuais, detectar as classes e realizar a reclassificação entre as várias classes de ordens anteriores. De acordo com o Instituto Nacional de Pesquisas Espaciais (Inpe, 2009),

> o usuário define um limiar de aceitação, dado em percentagem. Este limiar por sua vez define uma distância de Mahalanobis, de forma que todas as regiões pertencentes a uma dada classe estão distantes da classe por uma distância inferior a esta. Quanto maior o limiar, maior esta distância e consequentemente maior será o número de classes detectadas pelo algoritmo.

No caso do Isoseg, segundo Narvaes e Santos (2007, citados por Oliveira; Mataveli, 2013), o limiar de aceitação apresenta uma variação de 75% a 99,9%, e quanto menor for o percentual, maior será o número de classes que o algoritmo irá criar automaticamente.

Para o mapeamento das classes, é realizado o procedimento de agrupamento, com médias e matrizes de covariância, agrupando-as de acordo com o limiar de aceitação. Depois disso, as classes são reagrupadas de acordo com os dados estatísticos dos processos anteriores, e isso segue até que exista convergência entre a média das classes.

5.2 Classificação supervisionada de imagens

É utilizada quando se tem conhecimento prévio sobre a área de abrangência do estudo. Isso permite entender o contexto da imagem para definir classes amostrais a serem extrapoladas para toda a cena. Essas áreas amostrais são utilizadas pelos algoritmos de classificação para identificar, na imagem, os pontos representativos de cada classe. A fase de escolha das amostras é denominada *treinamento*, executado diretamente pelo usuário, por definição manual ou escolha de áreas previamente segmentadas com base na assinatura espectral.

Na fase de treinamento, são escolhidas áreas amostrais para que o algoritmo realize o reconhecimento da assinatura espectral das classes que serão utilizadas no mapeamento (Inpe, 2009). A escolha deve abranger uma quantidade representativa de elementos contidos em uma classe, variando em tamanho e quantidade de pixels. Quanto maior a representatividade das amostras, maior será a amplitude da classe, diminuindo os percentuais de confusão.

Assim como a classificação não supervisionada, a classificação supervisionada pode ser feita pixel a pixel ou por regiões, usando, para isso, algoritmos específicos executados com base em informações previamente estabelecidas.

Os algoritmos de classificação supervisionada pixel a pixel mais utilizados são: paralelepípedo, distância euclidiana e máxima verossimilhança (Maxver). Já os algoritmos classificadores por região são Battacharya e Clatex.

5.2.1 Algoritmo paralelepípedo

Também conhecido como *single cell*, é o algoritmo de simples aplicação, o que o torna um dos mais rápidos no processo de classificação supervisionada. Nesse método, as amostras de treinamento definidas pelo usuário são empregadas para gerar assinaturas espectrais cujos histogramas são utilizados para incorporação dos pixels a uma classe.

Nesse caso, é formado um paralelepípedo ao redor dos pixels amostrais. Por meio da análise do histograma da amostra, são definidos os valores mínimos e máximos para que os pixels sejam atribuídos às respectivas classes. O paralelepípedo será o limite definidor das classes, incluindo os pixels não reconhecidos na amostra e que pertençam ao conjunto.

Com o avanço da qualidade da resolução espacial das imagens, esse método de classificação passou a ter menor desempenho, especialmente com a combinação de bandas multiespectrais na faixa do visível, na qual as correlações são maiores e, consequentemente, a quantidade de pixels fora dos limites das classes aumenta.

5.2.2 Algoritmo mínima distância euclidiana

Existem algoritmos que utilizam a mínima distância euclidiana como método de análise pixel a pixel para fazer a classificação supervisionada. Nesses casos, as amostras de pixels de treinamento são empregadas na análise da medida de similaridade, por meio da formulação da distância euclidiana, montando agrupamentos de acordo com as proximidades da média.

Esse tipo de classificador considera a distribuição dos pixels em um espaço n-dimensional de dimensão finita, cujas noções de ângulo e de distância podem ser usadas para definir a rotação. Nesse espaço n-dimensional, são calculados os centroides dos agrupamentos de pixels pela média aritmética das coordenadas de localização no plano euclidiano e os pixels são incorporados, um a um, nos grupos cujo centroide seja mais próximo.

5.2.3 Algoritmo máxima verossimilhança (Maxver)

O método da máxima verossimilhança (*maximum likelihood*) é um dos mais difundidos em processamento digital de imagens.

Dutra et al. (1981) o definem como um algoritmo baseado no cálculo da distância estatística entre os pixels de uma imagem e a média dos valores (níveis de cinza) das classes criadas em uma etapa anterior, formadas por um conjunto de amostras que foram escolhidas na fase de treinamento.

Por utilizar a média dos valores de cinza de cada um dos pixels da imagem, esse método exige bom desempenho de processamento e pode demandar um tempo maior do que os outros classificadores para que seja alcançada uma boa precisão.

A precisão é alcançada quanto maior for o número de pixels amostrais utilizados para cada conjunto de treinamento, levando em consideração a operacionalidade e o tempo de trabalho do analista ao obter as amostras. Crósta (1992) cita a necessidade de um número de pixels acima de uma centena para uma boa precisão, já que essa quantidade permitiria uma base segura para tratamento estatístico. Porém, é preciso contextualizar as imagens atuais, que têm resolução espacial maior e podem demandar uma quantidade de pixels amostrais em cada classe muito maior do que uma centena.

O Inpe (2009) apresenta um exemplo de duas classes de treinamento e os respectivos diagramas de dispersão com as distribuições de probabilidade normal. As duas classes (A e B) representam a probabilidade de um ou mais pixels pertencerem a uma ou outra classe, dependendo da sua posição. Nesses casos, deve-se estabelecer um critério para que o pixel seja incorporado a uma das classes. Tais critérios devem fornecer um limite para que um pixel localizado na região de sobreposição tenha uma regra de posicionamento; assim, mesmo estando na região de sobreposição entre A e B, o pixel será incorporado à classe A. Observe.

Gráfico 5.1 - Diagrama de dispersão de pixels e limite de classes

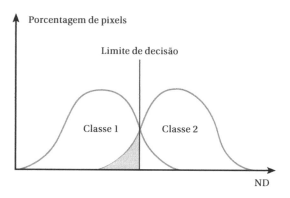

Fonte: Inpe, 2009.

O limiar de aceitação irá indicar o percentual de pixels do grupo que será incorporado à mesma classe, ou seja, se o limiar escolhido for 95%, esse percentual do total de pixels do agrupamento fará parte da classe em questão. Nesse caso, 5% dos pixels serão ignorados, podendo fazer parte de outra classe, gerando um percentual de confusão entre elas, ou podendo não fazer parte de classe alguma, ocasionando "espaços vazios" na imagem.

Ao escolher um limiar de 100%, toda a imagem será classificada sem rejeições, impossibilitando a observação de possíveis erros do analista ao escolher as amostras. Para melhorar o processo de classificação, sugere-se a aquisição de amostras de teste que sejam representativas, avaliadas por meio da matriz de confusão gerada para cada amostra e cada classe.

Cabe ressaltar que existe uma variação do classificador Maxver, presente no programa Spring/Inpe, denominada *Maxver-ICM* (de *Interated Conditional Modes*).

» [...] o classificador MAXVER-ICM (Interated Conditional Modes) considera também a dependência espacial na classificação.

» Em uma primeira fase, a imagem é classificada pelo algoritmo MAXVER atribuindo classes aos "pixels", considerando os valores de níveis digitais. Na fase seguinte, leva-se em conta a informação contextual da imagem, ou seja, a classe atribuída depende tanto do valor observado nesse "pixel", quanto das classes atribuídas aos seus vizinhos. (Inpe, 2009)

Tanto o classificador Maxver quanto o Maxver-ICM utilizam como parâmetros estatísticos as distâncias ponderadas entre médias dos números digitais dos pixels de uma classe e suas amostras de treinamento ou modelos condicionais.

5.2.4 Algoritmo Bhattacharya

Utiliza como método a medida da distância média entre as distribuições probabilísticas das classes espectrais. É parecido com o classificador Isoseg, mas emprega a chamada *distância de*

Bhattacharya. Por ser um método supervisionado, exige que o usuário crie amostras de treinamento com as regiões definidas por meio da segmentação da imagem.

A criação das regiões amostrais é dada pelo processo de segmentação, ou seja, a imagem é dividida em áreas com similaridades espectrais que serão selecionadas para serem amostras para as classes criadas.

Nesse caso, "o Algoritmo utiliza a distância de *Bhattacharya* para medir a separabilidade estatística entre cada par de classe espectral. A separabilidade é calculada através da distância média entre as distribuições de probabilidades de classes espectrais" (Leão et al., 2007, p. 940-941, grifo do original). Isso significa que o classificador usa as regiões amostrais de treinamento para realizar estimativas em função da probabilidade das classes, avaliando a distância por meio da equação a seguir:

$$B(p_i,p_j) = \frac{1}{2}(m_1 - m_2)^T \sum (m_i - m_j) + \frac{1}{2} \ln \frac{|\Sigma(m_i - m_j)|}{|\Sigma i|^{1/2} |\Sigma j|^{1/2}}$$

Em que:
B = distância de Bhattacharya
pi e pj = pixels nas classes *i* e *j*
mi e mj = médias das classes *i* e *j*
T = matriz transposta
ln = logaritmo neperiano
i e *j* = classes do contexto

5.2.5 Algoritmo ClaTex

Por fim, mais um algoritmo de classificação supervisionada por regiões é o ClaTex, que utiliza atributos texturais das regiões de uma imagem segmentada para efetuar a classificação por regiões.

A classificação é realizada pela técnica de agrupamento de regiões a partir de uma medida de similaridade entre elas. E a medida de similaridade utilizada consiste na distância de Mahalanobis entre a classe de interesse e as regiões candidatas à relação de pertinência com esta classe. Portanto, cada região será classificada a uma dada classe de interesse baseada na minimização da distância de Mahalanobis. (Inpe, 2022a)

As operações desse classificador são semelhantes às de outros classificadores supervisionados, porém é utilizado um plano de informação específico, do qual são coletados os atributos texturais usados para a classificação, que incluem medidas gerais, em histograma, logarítmicas, de autocorrelação e de co-ocorrência de Haralick.

5.3 Segmentação de imagens

Poderosa ferramenta de processamento relacionada à classificação por regiões, supera as limitações da classificação pixel a pixel, oferecendo uma pré-classificação para ser utilizada como modelo de extração de informações relevantes.

No processo de segmentação, a imagem é dividida em regiões que representam o contexto da cena e o interesse do analista. As regiões são constituídas por um agrupamento de pixels contíguos, com distribuição espacial bidirecional e uniforme.

O programa de processamento digital de imagens Spring/Inpe apresenta três processos diferentes para a segmentação de uma imagem: o crescimento de regiões, a detecção de bordas e a detecção de bacias, a segunda derivada da primeira, descritos a seguir conforme Câmara et al. (1996).

5.3.1 Crescimento de regiões

É uma técnica que agrupa os pixels em regiões ou classes adjacentes espacialmente por meio de leituras individuais dos níveis de cinza, e o agrupamento é definido pela utilização de um valor de similaridade. Ao definir a similaridade, o segmentador realiza uma série de testes estatísticos nos pixels e nas regiões para verificar suas médias, dividindo a imagem de acordo com tais critérios e unindo os pixels similares.

De acordo com o manual do programa Spring/Inpe, a segmentação por crescimento de regiões pode ocorrer pelo método Multi ou Baatz.

No **crescimento de regiões multi**, o algoritmo irá utilizar técnicas de multiprogramação, multithread e multicore de acordo com os recursos de *hardware* e de sistema computacional disponíveis. Essas operações podem ser gerenciadas no próprio Spring.

No **crescimento de regiões Baatz**, a segmentação começa com cada pixel da imagem como uma semente representando um objeto. A cada iteração, cada pixel se funde ao objeto vizinho, para o qual o objeto resultante da fusão representa o menor acréscimo de heterogeneidade em relação à soma das medidas de heterogeneidade internas dos dois objetos candidatos à fusão, que acontece se o acréscimo de heterogeneidade for menor do que o limiar. A medida de heterogeneidade tem uma componente espectral (definida pelos valores dos pixels que compõem o objeto) e uma morfológica (definida pelo desvio relativo da forma do objeto em relação a uma forma compacta e a uma forma suave, ponderadas por pesos) (Baatz; Schäpe, 2000).

5.3.2 Detecção de bordas e de bacias

Parte do princípio da filtragem por detecção de bordas, como visto anteriormente, ou seja, é um processo não linear que utiliza o filtro de Sobel para detecção de bordas com ênfase em linhas horizontais e verticais de realce, considerando os diferentes níveis de cinza que destacam as grandes quebras nos contrastes.

Após a filtragem, o algoritmo calcula os limiares para delinear as bordas, levando em conta um pixel e seus vizinhos próximos para estabelecer o próximo pixel de maior valor para a delimitação. Aos pixels delimitadores são conferidos o valor 1 e aos demais, que não correspondem às bordas, o valor 0. Após essa classificação prévia, as áreas com valor 0 farão parte das regiões delimitadas pelos pixels de valor 1, e as regiões serão rotuladas de acordo com o valor do número digital e o crescimento das regiões.

Derivada da detecção de bordas, tem-se a detecção de bacias. O fato de o nome do procedimento ser *detecção de bacias* parte do pressuposto de que a metodologia de formação das regiões sugere a criação de uma bacia hidrográfica, na qual os divisores de água, ou seja, os pontos com as cotas topográficas mais altas, são os pixels com valores mais altos de números de cinza em relação aos vizinhos próximos utilizados para análise.

5.4 Pós-classificação de imagens

É aplicado em alguns casos nos quais a imagem classificada contém ruídos decorrentes de pixels não enquadrados em nenhuma das classes definidas pelo analista, ou que estejam isolados em meio a outras classes que não a sua.

Para isso, é realizado um tipo de filtragem com uma máscara de tamanho 3 pixels por linha e 3 pixels por coluna. Nela, o pixel central é analisado com base na sua vizinhança imediata, e a classe do pixel analisado será alterada de acordo com os limiares e os pesos definidos pelo usuário (Inpe, 2022c).

Assim, conforme exemplo representado na figura a seguir, se um pixel de valor 5 estiver no meio de uma máscara que contém um pixel com valor 2, cinco pixels com valor 3 e dois pixels com valor 4, o pixel central será reclassificado para fazer parte da classe de valor 3, caso o limiar e o peso sejam menores que 5.

Figura 5.1 - Exemplo de máscara para pós-classificação

2	3	3
4	5	3
4	3	3

Nesse caso, o peso e o limiar definido pelo usuário foi 4. Têm-se um valor (3) com frequência igual a cinco e outros dois valores com frequência menor que o limiar e o peso definido para o pixel central. Como existe uma classe que satisfaz a programação de reclassificação, o algoritmo executa a transformação. Caso dois valores satisfaçam as condições, o de maior frequência será levado em conta.

Síntese

Este capítulo trouxe um dos principais temas relacionados ao processamento digital de imagens de sensoriamento remoto: a classificação.

Vimos que a classificação consiste em encontrar valores ou padrões de pixels iguais ou similares e agrupá-los de acordo com uma regra estatística preestabelecida pelo programa ou pelo analista, de maneira automática ou manual.

Para isso, na primeira parte abordamos os aspectos da classificação não supervisionada, incluindo os algoritmos K-medias, Isodata e Isoseg. No item seguinte, na classificação supervisionada, tratamos dos algoritmos paralelepípedo, mínima distância euclidiana, máxima verossimilhança (Maxver), Bhattacharya e ClaTex.

Em seguida, apresentamos formas de fazer a segmentação de uma imagem: por crescimento de regiões ou por detecção de bacias. Por fim, vimos o procedimento de pós-classificação.

Atividades de autoavaliação

1. Marque a alternativa que contém o nome da técnica de separação automática dos pixels de uma imagem com a utilização de algoritmos específicos, que não necessitam do conhecimento prévio do analista sobre a área a ser classificada:
    a) Classificação não supervisionada.
    b) Classificação supervisionada.
    c) Classificação por componentes principais.
    d) Classificação algorítmica.
    e) Classificação prévia.

2. A técnica utilizada quando se tem conhecimento prévio sobre a área de abrangência do estudo chama-se:
    a) classificação não supervisionada.
    b) classificação supervisionada.
    c) classificação por componentes principais..
    d) classificação algorítmica.
    e) classificação prévia.

3. Qual o nome da classificação de imagens pixel a pixel que utiliza o método de agrupamento, ou análise de cluster?
   a) Classificação por área.
   b) Classificação K-medias.
   c) Classificação por componentes principais.
   d) Classificação algorítmica.
   e) Classificação prévia.

4. Marque a alternativa que apresenta a fase do processamento na qual são escolhidas áreas amostrais para que o algoritmo realize o reconhecimento da assinatura espectral das classes a serem utilizadas no mapeamento:
   a) Amostragem.
   b) Classificação por área.
   c) Treinamento.
   d) Classificação algorítmica.
   e) Classificação K-medias.

5. Marque a alternativa que contém o nome do algoritmo baseado no cálculo da distância estatística entre os pixels de uma imagem e a média dos valores (níveis de cinza) das classes criadas em uma etapa anterior, formadas por um conjunto de amostras escolhidas na fase de treinamento:
   a) Algoritmo de Dutra.
   b) Algoritmo de distância.
   c) Algoritmo máxima verossimilhança.
   d) Algoritmo K-medias.
   e) Algoritmo de níveis de cinza.

Atividades de aprendizagem

Questões para reflexão

1. De modo geral, como podem ser feitas as classificações de imagem?
2. Defina classificação não supervisionada.
3. Quais os principais algoritmos para a classificação supervisionada pixel a pixel?
4. Quais passos devem ser seguidos para se realizar uma boa classificação?

Atividade aplicada: prática

1. Acesse a página <http://www.dpi.inpe.br/spring/portugues/manuais.html>. Depois, baixe e descompacte o arquivo *tutor_10Aulas_55.exe* e faça os itens 1, 2 e 3 da aula 5 (*Classificação*).

6

Aplicação do processamento digital de imagens em estudos ambientais

Neste capítulo, serão apresentados alguns exemplos de estudos e aplicações de processamento digital de imagens (PDI) de sensoriamento remoto e sistema de informações geográficas (SIG) em estudo de caráter ambiental.

Inicialmente, será realizada uma abordagem introdutória dos principais programas de geoprocessamento que fazem a integração entre SIG e PDI, seguida de um estudo de caso de aplicação de processamento digital de imagens para análise da vegetação e diagnóstico de matas ciliares. Depois, o PDI será objeto de estudo da dinâmica da paisagem urbana para mapeamento de construções em áreas irregulares. Por fim, serão vistos mais dois estudos de caso, dessa vez referentes à utilização de imagens de satélite para o diagnóstico prévio da qualidade das águas em bacias hidrográficas.

6.1 Sensoriamento remoto e sistema de informações geográficas

O sensoriamento remoto e os SIGs se complementam nas mais variadas áreas, como pesquisa, ensino, planejamento, monitoramento, gestão, execução, entre outras. A maioria dos *softwares* que fazem parte da gama de componentes dos SIGs tem funcionalidades para o processamento digital de imagens de sensoriamento remoto.

Segundo Assad (Assad; Sano, 1998, p. 3): "O termo Geoprocessamento denota uma disciplina do conhecimento que utiliza técnicas matemáticas e computacionais para o tratamento de informações geográficas". Ainda conforme os autores, "Os instrumentos computacionais do Geoprocessamento, chamados de *Sistemas de Informações Geográficas* (SIGs), permitem a realização de análises complexas ao integrar dados de diversas fontes e ao criar banco de dados georreferenciados" (Assad; Sano, 1998, p. 3).

Logo, o SIG pode ser definido como "um sistema que processa dados gráficos e não gráficos (alfanuméricos) com ênfase a análises espaciais e modelagens de superfícies", definido no manual do Spring (Inpe, 2022b). Para Burrough (1986, citado por Câmara et al., 1996), um SIG "é um conjunto poderoso de ferramentas para coletar, armazenar, recuperar, transformar e visualizar dados sobre o mundo real".

As imagens de sensoriamento remoto oferecem uma importante base para obtenção de informações da superfície terrestre que podem compor os bancos de dados geográficos, especialmente quando se trata de dados que não têm periodicidade ou continuidade de levantamentos.

Os avanços dos sistemas sensores permitiram que as imagens fossem acessíveis para a maioria dos usuários de geotecnologias. Existem banco de dados de imagens com acesso gratuito em vários locais da rede mundial de computadores. Além disso, a maioria dos programas de geoprocessamento tem bases com imagens de satélite ou acesso aos bancos de dados.

O Instituto Nacional de Pesquisas Espaciais (Inpe) possui o principal acervo de imagens de satélite do Brasil, sob responsabilidade da Divisão de Geração de Imagens (DIDGI) e da Coordenação-Geral de Observação da Terra (CGOBT). A DIDGI é responsável pela recepção, pelo processamento, pelo armazenamento e pela distribuição de imagens de sensoriamento remoto, meteorológicas e ambientais adquiridas por satélites (Inpe, 2022d).

De acordo com o Art. 63 da Portaria n. 897, de 03.12.2008,

Art. 63. À Divisão de Geração de Imagens compete:

I – processar, armazenar e disseminar, de forma operacional, dados e imagens de satélites de observação da Terra;

II – manter e aperfeiçoar os sistemas e equipamentos de processamento de dados de satélites de observação da Terra;

III – estabelecer relacionamento com operadores de satélites de observação da Terra, públicos e privados, a fim de garantir a disponibilidade de dados de interesse do País;

IV – garantir a recepção e geração das imagens dos satélites de observação da Terra do programa espacial brasileiro, estabelecendo procedimentos para a disseminação mais ampla possível destas imagens;

V – participar ativamente na capacitação da indústria nacional para a autonomia tecnológica nacional na recepção e processamento de imagens de sensores remotos;

VI – manter atualizado e amplamente acessível à comunidade nacional o Centro de Dados de Sensoriamento Remoto, cujo acervo é composto de todas as imagens de sensoriamento remoto recebidas pelo INPE; e

VII – atuar em outras atividades que lhe forem atribuídas pertinentes à sua área de competência. (Brasil, 2008)

A DIDGI é responsável por distribuir todas as imagens recebidas de diversos satélites em seu sistema de antenas. A disponibilização das imagens é feita através dos catálogos, sem custo e sem limite de volume. Todo o acervo da DIDGI, formado desde 1973, está disponível *on-line*. Atualmente, a Divisão distribui cerca de 1.000 cenas diariamente (Inpe, 2022d).

Para ter acesso ao banco de dados, basta acessar o catálogo de imagens da DIDGI, no atual endereço (<http://www.dgi.inpe.br/CDSR/>), escolher o satélite e os instrumentos, definir os parâmetros básicos (como nível, data de passagem, órbita, ponto ou localização, percentual de cobertura de nuvens) e realizar a busca. Dependendo do satélite, será enviado um *link* para o *e-mail* cadastrado no sistema para a realização do *download* da imagem. O *link* pode ser diretamente acessado no *site* de busca no caso de satélites mais recentes, como o CBERS-4A.

De posse dos arquivos, é necessário o uso de programas específicos para processamento digital das imagens de sensoriamento remoto. Os mesmos programas utilizados para construção ou manipulação de SIG, ou seja, programas computacionais para geoprocessamento, podem ser utilizados também para o PDI.

Nesta obra, citaremos três programas: o QGIS, o ArcGIS® e o Spring/Inpe. Os dois primeiros são mais difundidos nos meios técnico e empresarial, e o último é mais comum nos meios acadêmico e científico. As especificações de cada um dos programas serão descritas a seguir com base nas informações do *site* de cada um dos desenvolvedores.

O **QGIS** (*Quantum Geographic Information System*) é um programa computacional de código aberto, licenciado segundo a Licença Pública Geral (GNU, do inglês *General Public License*); é um projeto oficial da Open Source Geospatial Foundation (OSGeo). Funciona em Linux, Unix, Mac OSX, Windows e Android e suporta arquivos nos formatos de vetores, rasters, além de ter bases de dados e funcionalidades para sistemas de gerenciamento. É possível criar, editar, gerenciar e exportar camadas vetoriais e raster em vários formatos, realizar análises, amostragem, geoprocessamento, geometria e gerenciamento de banco de dados (QGIS, 2022).

Já o **ArcGIS**® é um programa comercial, pago, que oferece um conjunto de funcionalidades baseadas em localização para diversas análises e visualização de dados, medições precisas, identificação de padrões e relações entre as feições. É possível planejar rotas eficientes, selecionar os locais mais adequados e realizar previsões para tomar as melhores decisões. Essas informações podem ser compartilhadas com outras pessoas por meio de aplicativos, mapas e relatórios. Com o ArcGIS® também é possível criar camadas de mapas digitais, como redes de estradas, construção de plantas, cobertura do solo e muito mais. O programa traz grande variedade de imagens que permite a execução de tarefas de extração de feições (Esri, 2021).

O **Spring/Inpe**, por sua vez, é um SIG no estado da arte, com funções de processamento de imagens, análise espacial, modelagem numérica de terreno e consulta a bancos de dados espaciais. É um banco de dados geográfico de segunda geração, para ambientes Windows, Linux e Mac. Os sistemas dessa geração são concebidos para uso em conjunto com ambientes cliente-servidor, geralmente acoplados a gerenciadores de bancos de dados relacionais, operando como um banco de dados geográfico. O Spring contém algoritmos inovadores para indexação espacial, segmentação de imagens, classificação por regiões e geração de grades triangulares com restrições, garantindo o desempenho adequado para as mais variadas aplicações, complementando os métodos tradicionais de processamento de imagens e análise geográfica (Inpe, 2022c).

Os três programas são capazes de realizar os processamentos digitais de imagens citados nos capítulos anteriores e nos estudos de casos apresentados a seguir. Além disso, são programas capazes de fazer geoprocessamento e servir de componentes de um SIG.

6.2 Estudo de caso: PDI aplicado ao estudo da vegetação e diagnóstico de matas ciliares

As imagens de sensoriamento remoto podem ser utilizadas em vários contextos e têm muitas aplicações na área ambiental, como em mapeamentos de uso e ocupação do solo para entendimento das dinâmicas ambientais, mapeamento de áreas degradadas e áreas com ocorrência de erosão, diagnósticos da vegetação, entre outras.

Nesse contexto, será apresentado o mapeamento do uso do solo e diagnóstico das matas ciliares de uma pequena bacia hidrográfica localizada nos municípios de Lupionópolis e Centenário do Sul, no estado do Paraná, cujo levantamento pode fornecer subsídios para vários estudos de caráter ambiental, como o planejamento do uso do solo rural, o diagnóstico de matas ciliares, a localização de áreas degradadas etc.

A bacia escolhida foi a do Rio Água da Esperança, que conta com 3,5 mil hectares de área total, sendo que quase 100 hectares desse total são representados por áreas de preservação permanente de rios com menos de 10 metros de largura. O rio principal dessa bacia é um afluente direto do Rio Paranapanema, rio interestadual que separa os estados do Paraná e de São Paulo.

Os dados aqui apresentados foram obtidos com a classificação e o mapeamento dos tipos de cobertura vegetal existentes, por meio do sensoriamento remoto orbital com a utilização de imagens da câmera WPM do satélite CBERS-4A, órbita 209, ponto 142, com data de 6 de julho de 2021.

Os processamentos foram realizados nos programas Spring e ArcGis®, incluindo o mapeamento do uso do solo, realizado pela classificação e interpretação da composição colorida que utilizou as bandas 1, 3 e 4 do satélite CBERS-4A. O intervalo espectral da banda 1 (faixa do azul) está entre 0,45 e 0,52 µm; da banda 3 (faixa do vermelho), entre 0,63 e 0,69 µm; da banda 4 (faixa do infravermelho próximo), entre 0,77 e 0,89 µm. A combinação escolhida para a composição colorida foi 1B, 3G e 4R, conforme apresentado na Figura 6.1, o que permitiu distinguir a vegetação arbórea para diagnóstico da vegetação em matas ciliares.

Figura 6.1 – Imagem de satélite da bacia do Rio Água da Esperança

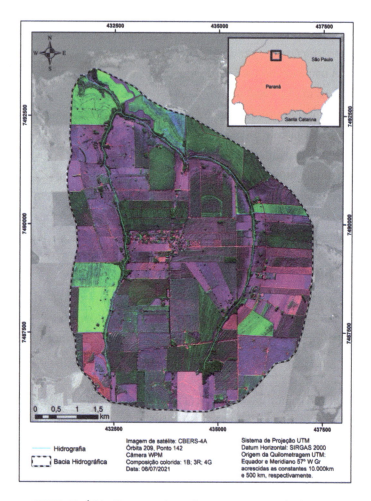

CBERS-4A. Órbita/Ponto: 209/142. Câmera WPM. Lupionópolis: Inpe, 6 jul. 2021. Imagem de satélite. Composição colorida 1B, 3R e 4G (falsa cor).

A imagem foi classificada de maneira supervisionada por meio do classificador Maxver (máxima verossimilhança), com um limiar de aceitação de 99%, de acordo com o tipo de uso. Foram separadas as classes: mata, agricultura temporária, pastagem, solo exposto e cana-de-açúcar. Por meio desse mapeamento, foi possível quantificar o padrão atual de ocupação do solo da bacia, conforme apresentado na Figura 6.2 e na Tabela 6.1.

Figura 6.2 – Uso do solo da bacia do Rio Água da Esperança

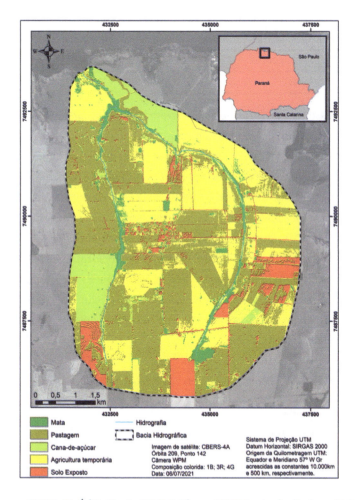

CBERS-4A. Órbita/Ponto: 209/142. Câmera WPM. Lupionópolis: Inpe, 6 jul. 2021. Imagem de satélite. Composição colorida 1B, 3R e 4G (falsa cor).

Tabela 6.1 – Tipos de uso e ocupação do solo da bacia do Rio Água da Esperança

Tipo de uso	Área (ha)	Percentual
Mata	157,53	4,50
Pastagem	1.584,27	45,13
Cana-de-açúcar	274,24	7,80
Agricultura temporária	1.244,77	35,47
Solo exposto	249,12	7,09
Total	3.509,93	100,00

Esse tipo de informação é extremamente importante para o planejamento da ocupação do solo e do uso da água, além de gerar subsídios para o mapeamento de áreas com ocupações irregulares em Áreas de Preservação Permanente (APPs), as quais interferem diretamente na qualidade da água do município. Tais informações podem embasar futuros estudos para quantificar a utilização de agrotóxicos e fertilizantes, por exemplo.

Para avaliar a qualidade da classificação, foram calculados os erros de omissão, ou seja, o percentual de pixels incorporados em classes não correspondentes, feito automaticamente pelo programa de processamento digital de imagens e demonstrado na Tabela 6.2. Acompanhe.

Tabela 6.2 – Percentual de erros de omissão – classificador Maxver

Tipo de uso	Erros de omissão (%)	Precisão (%)
Agricultura	21,2	78,8
Cana-de-açúcar	17,6	82,4
Mata	6,3	93,7

(continua)

(Tabela 6.2 - conclusão)

Tipo de uso	Erros de omissão (%)	Precisão (%)
Pastagem	22,3	77,7
Solo exposto	15,5	84,5
Total	20,8	79,2

Além disso, usou-se o índice Kappa (k) para verificar a correspondência entre a imagem classificada e as amostras colhidas em campo. Para a construção desse índice, a área de estudo foi dividida em quatro quadrantes e foram mapeados em campo áreas e talhões que continham exclusivamente elementos das classes utilizadas. Tais áreas foram sobrepostas à imagem e a quantidade de pixels foi contabilizada para posterior comparação. Observe a Tabela 6.3.

Tabela 6.3 – Índice Kappa (k) – classificador Maxver

Tipo de uso	(k)	Avaliação*
Agricultura	0,67	Boa
Cana-de-açúcar	0,75	Boa
Mata	0,95	Muito boa
Pastagem	0,63	Boa
Solo exposto	0,86	Muito boa
Total	**0,71**	**Boa**

*Adaptada da classificação proposta por Galparsoro; Fernández, 2001.

Tanto o resultado obtido pelo cálculo automático do percentual de erros de omissão quanto o resultado do índice Kappa mostram boa precisão da classificação quanto ao que se chama de *verdade terrestre*; assim, pode-se dizer que existe uma validação dos resultados obtidos.

Posteriormente, por meio de técnicas de geoprocessamento, foi realizado o diagnóstico da situação das APPs ao longo dos rios, por meio da delimitação destas e do mapeamento dos tipos de uso dentro de seus limites.

Figura 6.3 – Uso do solo nas APPs da bacia do Rio Água da Esperança

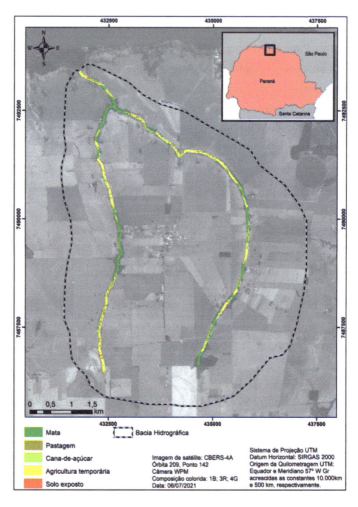

CBERS-4A. Órbita/Ponto: 209/142. Câmera WPM. Lupionópolis: Inpe, 6 jul. 2021. Imagem de satélite. Composição colorida 1B, 3R e 4G (falsa cor).

As condições das matas ciliares estão ideais para uma eficiente proteção dos corpos d'água em pouco mais da metade das áreas de preservação permanente, com boa cobertura de vegetação arbórea; o problema está nos usos agropastoris observados ao longo do restante das APPs, que precisam passar por processo de recuperação com reflorestamento por espécies nativas.

Para fins de planejamento e gestão de programas de recuperação de matas ciliares na bacia, as áreas mapeadas foram subdivididas de acordo com os usos, sendo que as mais degradadas devem ser priorizadas em projetos de recomposição, incluindo o dimensionamento de áreas e quantidade de mudas.

Como indica a Tabela 6.4, a bacia do Rio Água da Esperança tem aproximadamente 100 hectares de APPs distribuídas marginalmente ao longo dos rios, área que representa quase 3% da bacia e é ocupada com vários usos. Observe.

Tabela 6.4 - Tipos de uso e ocupação do solo das APPs bacia do Rio Água da Esperança

Mata		Pastagem		Agricultura		Cana-de-açúcar		Solo exposto		TOTAL	
ha	%	ha	%	ha	%	ha	%	ha	%	ha	%
47,00	48,17	12,74	13,06	36,04	36,94	1,59	1,66	0,19	0,19	97,57	100,00

Essa tabela traz as classes de usos do solo nas APPs às margens dos rios da bacia. Foi identificado que a maior parte delas está ocupada por mata (48,17%), seguida da agricultura (36,94%) e da pastagem (13,06%). Vale lembrar que a categoria definida nesse estudo como *solo exposto* refere-se às áreas agrícolas em época de entressafra, aguardando pelo plantio, classe que apresenta grande potencial de desagregação de partículas do solo, ou áreas já com processos erosivos, que podem causar assoreamento dos rios.

Levando em conta, ainda, que é necessário um número de remanescentes florestais (reservas legais) de 20% da área total das propriedades rurais e dos novos loteamentos urbanos, uma das indicações é que a recuperação desses remanescentes seja feita nas matas ciliares para manter a qualidade e a quantidade dos recursos hídricos da bacia, uma vez que a vegetação serve de filtro para os sedimentos carreados pelas águas pluviais, além de manter o equilíbrio microclimático, ajudar na preservação e recuperação da fauna e flora regional e manter certo equilíbrio do ciclo hidrológico. Esses fatores ajudam na infiltração da água no solo, recarregam os aquíferos e evitam que a água escoe de forma rápida para os cursos d'água, diminuindo, assim, a probabilidade de inundações e outros problemas hidrológicos.

Para recuperação dessas áreas, é preciso um esforço concentrado de produtores rurais, técnicos dos municípios e órgãos estaduais competentes, para que a ação se torne eficiente e realmente auxilie na manutenção da quantidade e da qualidade dos recursos hídricos.

Nos programas de recuperação da mata ciliar, deve-se desenvolver metodologias que auxiliem as atividades, plantando adequadamente as mudas e fazendo manutenção que permita o crescimento sadio das plantas, com acompanhamento de campo e monitoramento por imagens de sensoriamento remoto.

6.3 Estudo de caso: PDI aplicado ao estudo da paisagem urbana

A utilização de imagens de sensoriamento remoto orbital para o estudo das paisagens urbanas pode ter muitas finalidades. Podemos citar o cálculo do coeficiente de escoamento superficial, que leva em conta diretamente o percentual de impermeabilização de uma bacia urbana, o mapeamento da vegetação e seu grau de conservação, o mapeamento dos tipos de pavimentação, o apoio ao mapeamento de pontos de disposição irregular, o mapeamento dos leitos dos rios e das APPs, o mapeamento da quantidade de domicílios em áreas de risco ou de preservação permanente, a definição de áreas de atuação e o apoio a projetos urbanísticos.

O exemplo que veremos a seguir foi uma caracterização da dinâmica da paisagem urbana de Alvorada do Sul, por meio da classificação de imagens de satélite para encontrar padrões de ocupação. Esses padrões serviram para identificar e mapear construções em áreas de risco de inundação de um trecho dos rios urbanos Córrego Branco e Ribeirão do Pedregulho.

Nesse trabalho, foram utilizadas imagens do satélite CBERS-4A para a classificação e o mapeamento dos tipos de cobertura do solo existentes no perímetro urbano, por meio do sensoriamento remoto orbital com a utilização de imagens da câmera WPM do satélite CBERS-4A, órbita 209, ponto 142, com data de 6 de julho de 2021.

Os pré-processamentos e os processamentos foram realizados nos programas Spring e ArcGis®, incluindo o georreferenciamento e o registro das imagens, a eliminação de ruídos, a fusão entre bandas 0, 1, 2, 3 e 4 do satélite CBERS-4A, a composição colorida e a classificação para mapeamento do uso do solo.

Além das imagens do CBERS-4A, foi utilizado um mosaico de imagens de alta resolução espacial (0,5 × 0,5 m), disponíveis no programa Google Earth Pro, datadas de 31 de março de 2020, salvas na resolução máxima de 4.800 × 3.886 pixels, com uma escala de visualização de aproximadamente 400 m, para a delimitação mais precisa das construções.

O primeiro passo foi georreferenciar e registrar as imagens introduzidas no programa ArcMap® 10.8 e georreferenciadas pela ferramenta Georreferencing, utilizando pontos de coordenadas previamente conhecidas. O mosaico foi construído com a utilização da ferramenta Mosaic to New Raster, encontrada no caminho: *ArcToolBox > Data Management Tools > Raster > Raster Dataset.*

Após o georreferenciamento, o registro e a geração do mosaico, a imagem foi carregada no Spring/Inpe para eliminação de ruídos, a fim de se fazer a correção radiométrica da imagem por meio do algoritmo *Eliminação de ruído*, que utilizou valores limiares médios automáticos para definir quais pixels estavam fora dos padrões da imagem e substituí-los pela média dos vizinhos próximos.

Com as imagens georreferenciadas, compostas e sem ruídos, elas foram novamente exportadas para o ArcGIS®, no qual se fez o recorte com a ferramenta Clip, utilizando como molde o plano de informação vetorial que continha a delimitação do perímetro urbano da área em estudo.

Foi realizada a fusão de bandas B0, B1, B2, B3 e B4 do satélite CBERS-4A, utilizando o método de transformação IHS, que utiliza o espaço de cores Intensity, Hue e Saturation para fusão de dados. As bandas 1, 2, 3 e 4, com oito metros de resolução espacial, foram inseridas no universo de representação e, posteriormente, o componente I foi substituído pela banda 0, que tem dois metros de resolução espacial. Ao finalizar a fusão, as imagens foram convertidas para o sistema RGB, resultando em imagens com dois metros de resolução espacial.

Foi realizada a classificação de maneira supervisionada, por meio da ferramenta Maximum Likelihood Classification, com base no conhecimento prévio da área e no mapa cadastral do município para guiar a escolha das amostras de treinamento.

Para a geração das amostras, foi usada a ferramenta Training Sample Mananger, gerando um arquivo de assinatura. Após a obtenção desse arquivo, utilizou-se a Maximum Likelihood Classification para classificar a imagem por meio do algoritmo baseado nas distâncias entre médias dos níveis digitais das classes, segundo a probabilidade de um pixel pertencer ou não a determinada classe ou a outra, levando em conta a distribuição espectral da classe e tendo como base o arquivo da assinatura obtida.

Esse tipo de classificação pode gerar ruídos, isto é, a má classificação de algumas áreas. Para se obter um resultado coerente com a realidade, foi necessária a revisão manual da classificação, o que só foi possível com a transformação da imagem em um arquivo vetorizado.

A vetorização foi feita pela ferramenta Raster to Polygonon, encontrada no caminho: *ArcToolBox > Conversions Tool*. Com a classificação no formato vetorial, foi possível ajustar manualmente os polígonos gerados, o que permitiu a correção dos valores nos quais a classificação supervisionada não obteve sucesso.

As amostras da imagem classificada de maneira supervisionada foram separadas de acordo com quatro classes: vegetação arbórea e arbustiva; gramíneas e agricultura; construções; vias pavimentadas.

A classe *vegetação arbórea e arbustiva* é composta de árvores de grande porte adensadas, fragmentos de florestas, árvores encontradas nas ruas, dentro de propriedades ou isoladas em áreas sem vegetação, árvores de pequeno porte e arbustos intercalados por gramíneas, caracterizando pequenas clareiras.

Já a classe *gramíneas e agricultura* é formada por vegetação rasteira, gramados, pastos, áreas baldias ou vazios urbanos e áreas agrícolas.

A classe *construções* engloba qualquer tipo de construção, independentemente da finalidade ou do uso — podem ser construções residenciais, térreas ou de vários pavimentos, construções comerciais, industriais, institucionais ou outro tipo.

A última classe mapeada foi a das *vias pavimentadas*, sendo composta de ruas ou caminhos com algum tipo de pavimentação, independentemente do material utilizado.

Para avaliar a qualidade da classificação, foi calculado o índice Kappa (k) para as classes, a fim de verificar a correspondência entre a imagem classificada e as amostras criadas, de acordo com o mapa cadastral de Alvorada do Sul (PR). Veja o resultado na Tabela 6.5.

Tabela 6.5 – Índice Kappa (k) das classes de uso do solo no perímetro urbano de Alvorada do Sul (PR)

Classes	(k)	Avaliação*
Construções	0,65	Boa
Vegetação arbórea e arbustiva	0,85	Muito boa
Gramíneas e agricultura	0,70	Boa
Vias pavimentadas	0,55	Moderada
Total	**0,72**	**Boa**

*Adaptada da classificação proposta por Galparsoro; Fernández, 2001.

O resultado da classificação está apresentado na Figura 6.4 e serviu de subsídio para o mapeamento e a quantificação das construções em áreas de risco de inundação de um trecho dos rios urbanos Córrego Branco e Ribeirão do Pedregulho, servindo para que o Poder Público Executivo fizesse um planejamento para remoção dessas construções ou melhoria da macrodrenagem do entorno.

Figura 6.4 – Imagem de satélite do perímetro urbano de Alvorada do Sul (PR)

CBERS-4A. Órbita/Ponto: 209/142. Câmera WPM. Lupionópolis: Inpe, 6 jul. 2021. Imagem de satélite. Composição colorida 1B, 3G e 4R (falsa cor).

Figura 6.5 – Uso do solo no perímetro urbano de Alvorada do Sul (PR)

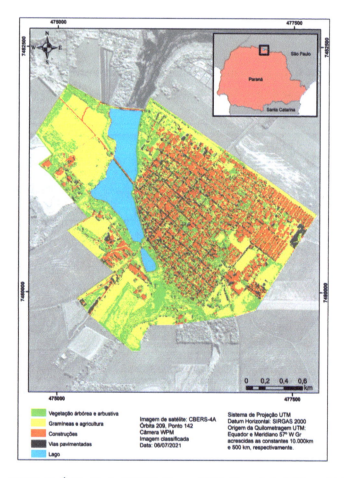

CBERS-4A. Órbita/Ponto: 209/142. Câmera WPM. Alvorada do Sul: Inpe, 6 jul. 2021. Imagem de satélite. Composição colorida 1B, 3R e 4G (falsa cor).

Nas áreas urbanas, a ocupação das áreas próximas aos cursos d'água, além de causar desmatamento, transforma esses locais em áreas de risco, pois as moradias ali construídas ocupam, na maioria das vezes, o leito de inundação dos rios.

Na área de estudo, foram identificadas 56 moradias em locais de risco por meio do mapeamento do uso do solo. Tais moradias estão expostas aos riscos ambientais e à ocorrência de eventos de inundações. Observe a imagem a seguir.

Figura 6.6 – Construções em áreas de risco de inundação

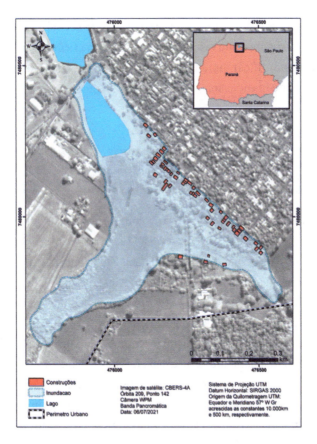

Mapeamento realizado de um mosaico de imagens de alta resolução espacial (0,5 × 0,5 m) disponíveis no programa Google Earth Pro. Google, 2020.

Em um cenário futuro otimista, todas essas moradias seriam realocadas em áreas com menor risco, ajudando na recuperação ambiental dos rios. No entanto, o número elevado e o grau de urbanização impresso nessas localidades tornam a tarefa praticamente impossível e, por isso, devem ser buscadas alternativas que causem menor impacto na vida das pessoas e melhore a qualidade ambiental da bacia.

Nesse estudo, a utilização de imagens de sensoriamento remoto de média e alta resolução se mostraram eficientes para mapear e quantificar moradias e construções localizadas em áreas de risco de inundação.

6.4 Estudo de caso: PDI aplicado ao estudo da água

Um dos objetivos de se analisar o comportamento espectral de um alvo é entender sua composição física ou química. No caso da água, o principal objetivo é verificar a existência de materiais que alteram suas qualidades, em especial suas condições de potabilidade, para seres humanos e animais, ou habitabilidade, com relação à flora e à fauna nativas.

No exemplo de aplicação que veremos, foi realizada a identificação e o mapeamento de alteração do comportamento espectral do Rio Paranapanema, entre os estados do Paraná e de São Paulo, por causa da presença de possíveis particulados totais provenientes de materiais minerais e orgânicos, ou seja, constituintes opticamente ativos advindos de um rio tributário.

As substâncias presentes nas águas naturais que interagem com radiação solar e, portanto, são responsáveis pelos processos de absorção e de espalhamento da luz são denominadas de componentes ou constituintes opticamente ativos (COAs). Os COAs são: a água pura; a matéria orgânica dissolvida colorida (CDOM), e o particulado total (fitoplâncton e sedimentos minerais e orgânicos). Cada um desses componentes têm propriedades ópticas específicas de absorção e de espalhamento da radiação solar, ou seja, têm propriedades ópticas que lhes são inerentes. Como os COAs podem coexistir em diferentes proporções e interagir simultaneamente com a radiação solar, os efeitos dos processos de absorção/espalhamento de um COA interferem nos efeitos dos processos de outro COA. Dessa forma, os resultados das interações simultâneas dos COAs com a luz num corpo d'água determinam o comportamento espectral das massas de água, e suas variações de concentrações regulam a intensidade da radiação retroespalhada pela coluna d'água. (Barbosa; Novo; Martins, 2019, p. 44)

No caso do Rio Paranapanema, é impossível falar em *água pura*. Assim, o comportamento espectral é fortemente influenciado por matéria orgânica dissolvida e particulados totais, especialmente os sólidos suspensos de origem mineral, uma vez que a bacia é ocupada por grandes áreas de atividades agrícolas que alteram significativamente a dinâmica do escoamento superficial, responsável por carregar matéria orgânica e mineral para os rios.

A maioria da matéria orgânica dissolvida observada no Paranapanema é proveniente da decomposição da vegetação terrestre, que é carreada para os corpos d'água tributários, especialmente folhas e palhadas de culturas agrícolas do entorno. O processo de decomposição de matéria orgânica por ação microbial forma um grupo de compostos complexos denominados *substâncias húmicas*. Tais substâncias, assim como sólidos suspensos inorgânicos, impactam o processo de absorção da luz, fazendo com que a água tenha um aspecto amarelado.

Apesar da presença de matéria orgânica, é provável que o particulado total, ou sólidos suspensos, seja o que tenha maior peso no comportamento óptico da água observada nesse exemplo, especialmente as partículas inorgânicas provenientes de material mineral (solo), mas não podemos afirmar com certeza sem uma análise físico-química da água.

Tais partículas são derivadas do intemperismo de rochas ao longo de toda a bacia hidrográfica, podendo ser carregadas para os rios por ação do escoamento superficial de águas da chuva ou por ação dos ventos. As atividades humanas, como práticas agrícolas e industriais, também contribuem para a ocorrência dos sólidos suspensos.

O comportamento espectral dos sólidos suspensos em rios é influenciado pelo tipo de material constituinte e pelo tamanho e forma das partículas. De maneira geral, o comportamento espectral apresenta valores maiores de absorção na região espectral do ultravioleta e azul.

Para esta análise, foram utilizadas imagens do satélite CBERS-4, Câmera Multiespectral Regular (MUX), bandas 5, 6 e 7 de absorção, correspondentes às faixas do azul, verde e vermelho, respectivamente. A imagem é datada de 19 de julho de 2019, região da órbita 159, ponto 126, entre os municípios de Itambaracá e Santa Mariana, no Estado do Paraná.

As imagens foram adquiridas do catálogo de imagens do DIDGI/Inpe e carregadas em um banco de dados do programa Spring. Após materializadas, foram realizados processamentos para retirada de ruídos e realce do contraste.

Assim como no tópico anterior, a eliminação de ruídos foi feita por meio do algoritmo *Eliminação de ruído*, do programa Spring/Inpe, com valores limiares médios automáticos que definiram quais pixels estavam fora dos padrões da imagem, substituindo-os pela média dos vizinhos próximos.

Foram realizados processamentos para manipulação do contraste das imagens originais pelo método de realce por operação linear, no qual os valores são redistribuídos em decorrência da inclinação da reta de referência, dada pela distância entre os dois pontos extremos do eixo x do gráfico, escolhido arbitrariamente pelo usuário. Nesse caso, o aumento do contraste foi controlado pela tangente do ângulo da reta traçada.

Com o contraste realizado, foi feita uma composição colorida aplicando as cores sintéticas para que a imagem representasse as cores da faixa visível do espectro eletromagnético, ou seja, na banda 5 foi aplicada a cor azul; na banda 6, a cor verde; e na banda 7, a cor vermelha (5B, 6G, 7R).

O resultado está apresentado na figura a seguir, na qual é possível observar as características espectrais do Rio Paranapanema antes de receber as águas provenientes de um tributário representativo de sua margem esquerda, o Rio das Cinzas. Antes disso, as águas apresentavam valores de reflectância maiores na banda do azul. Já as águas do tributário em questão tiveram valores maiores de reflectância nas bandas do verde e do vermelho.

Figura 6.7 - Composição colorida do satélite CBERS-4 (5B, 6G, 7R)

CBERS-4A. Bacia do Rio Paranapanema: Inpe, 2021. Imagem de satélite. Composição colorida 5B, 6G, 7R. Disponível em: <http://www2.dgi.inpe.br/catalogo/explore>.

É possível observar também que, no local de entrada das águas do tributário, a princípio as águas não apresentam um espalhamento total. Isso ocorre por conta das características físicas e hidrológicas, já que a velocidade de correnteza faz com que as águas com maior quantidade de sólidos suspensos fiquem na margem esquerda do rio. Porém, quando o ambiente aquático se altera e o rio fica mais calmo, por conta do efeito do represamento à jusante, os sólidos suspensos se distribuem de maneira uniforme no rio.

Para que o estudo ficasse mais completo, o próximo passo seria identificar o tipo de material componente dos sólidos suspensos por meio da análise físico-química da água e investigar sua origem, o que pode trazer subsídios para ações de manejo adequado do solo, proteção de rios, entre outras atividades.

Síntese

Neste sexto e último capítulo, apresentamos alguns exemplos de aplicações do processamento digital de imagens (PDI) de sensoriamento remoto e dos sistemas de informações geográficas (SIGs) em estudos de caráter ambiental.

A primeira parte trouxe os principais programas utilizados no processamento digital de imagens e o principal catálogo de imagens de sensoriamento remoto do Brasil, operado pelo DIDGI/Inpe.

Na segunda parte, abordamos um estudo de caso em que imagens de sensoriamento remoto foram utilizadas no diagnóstico da vegetação e da utilização do solo em matas ciliares. Também vimos um estudo da paisagem urbana, realizado com a utilização de imagens de satélite de alta resolução espacial para o mapeamento de construções em áreas de risco e áreas irregulares.

Por fim, a última parte apresentou um estudo relacionado à qualidade da água, em especial a localização de áreas com grande quantidade de sólidos em suspensão.

Atividades de autoavaliação

1. É um programa computacional de código aberto, licenciado pela Licença Pública Geral (GNU, *General Public License*), e um projeto oficial da Open Source Geospatial Foundation:
   a) ArcGIS®.
   b) Spring/Inpe.
   c) QGIS.
   d) Ms-Dos.
   e) OS-Geospatial.

2. É/são programa(s) capaz(es) de realizar processamentos digitais de imagens:
   a) ArcGIS®.
   b) Spring/Inpe.
   c) QGIS.
   d) Todas as alternativas anteriores.
   e) Nenhuma das alternativas anteriores.

3. O índice utilizado para verificar a correspondência entre a imagem classificada e as amostras colhidas em campo chama-se:
   a) índice de verossimilhança.
   b) índice de correspondência.
   c) índice Beta.
   d) índice Alfa.
   e) índice Kappa.

4. Um dos objetivos de se analisar o comportamento espectral de um alvo é entender sua composição física ou química. No caso da água, o principal objetivo é verificar:
   a) a temperatura e os estados físicos.
   b) a existência de materiais que alteram suas qualidades.
   c) a existência de pessoas e animais.
   d) a possibilidade de ocorrência de cheias.
   e) as condições de pressão e a profundidade.

5. Quais são os componentes ou constituintes opticamente ativos (COAs) presentes na água?
   a) Água turva, matéria orgânica e resíduos sólidos totais.
   b) Hidrocarbonetos e gases do efeito estufa.
   c) Água pura, matéria orgânica, fitoplâncton e sedimentos minerais.

d) Esgotos domésticos e industriais e componentes orgânicos altamente sulforosos.

e) Água e sais minerais.

Atividades de aprendizagem

Questões para reflexão

1. Cite um satélite, seu respectivo sensor e a combinação de banda possível para estudos de identificação de alterações em ambientes aquáticos. Justifique sua resposta.

2. Qual o principal objetivo da utilização da imagem de satélite no estudo da paisagem urbana?

3. Além dos exemplos demonstrados neste capítulo, em quais outros estudos seria possível utilizar imagens de sensoriamento remoto?

Atividade aplicada: prática

1. Escolha um dos estudos de caso descritos neste capítulo e faça uma análise do resultado da classificação.

Considerações finais

Este livro pode ser considerado um importante aliado para a introdução aos estudos ambientais e territoriais que utilizam o sensoriamento remoto e o processamento de imagens como suporte. Nele, trouxemos os principais pressupostos teóricos e metodológicos do processamento digital de imagens de sensoriamento remoto, os conceitos básicos e os fundamentos de sensoriamento remoto e geoprocessamento, além de apresentarmos estudos de caso que demonstraram a aplicação de técnicas e procedimentos.

Com isso, foi possível abordar os fundamentos do sensoriamento remoto por meio de um breve histórico, princípios físicos, detalhamento das principais plataformas e sistemas sensores e dos aspectos das imagens de sensoriamento remoto, além dos conceitos de interpretação de imagens de sensoriamento remoto, do comportamento espectral dos alvos, do realce de contraste de imagens e de alguns aspectos da análise visual das imagens.

É essencial que você entenda o processamento de imagens como tema principal, o que inclui o processamento de imagens coloridas e a classificação de imagens, não supervisionada ou supervisionada, pixel a pixel ou por regiões, como demonstrado nesta obra.

Esperamos que você tenha conseguido adquirir conhecimentos para o entendimento e a aplicação do processamento digital de imagens de sensoriamento remoto em estudos multidisciplinares de caráter ambiental e territorial e que esta obra seja só o início de uma jornada de exploração do processamento digital de imagens.

Referências

ALFOLDI, T. T. Remote Sensing for Water Quality Monitoring. In: JOHANNSEN, C. J.; SANDERS, J. L. (Ed.). **Remote Sensing for Resources Management**. Ankeny, Iowa: Soil Conservation Society of America, 1982. p. 317-328.

ARAUJO, L. S. de. **Análise da cobertura vegetal e de biomassa em áreas de contato floresta/savana a partir de dados TM/Landsat e JERS-1**. Dissertação (Mestrado em Sensoriamento Remoto) – Instituto Nacional de Pesquisas Espaciais, São José dos Campos, 1999. Disponível em: <http://mtc-m12.sid.inpe.br/col/sid.inpe.br/deise/2000/07.19.09.09/doc/publicacao.pdf>. Acesso em: 5 set. 2022.

ASSAD, E. D.; SANO, E. E. (Ed.). **Sistema de informações geográficas**: aplicações na agricultura. 2. ed. Brasília: Embrapa, 1998.

BAATZ, M.; SCHÄPE, A. Multiresolution Segmentation: An Optimization Approach for High Quality Multi-Scale Image Segmentation. **Journal of Photogrammetry and Remote Sensing**, Heidelberg, v. 58, n. 3-4, p. 12-23, 2000.

BANDEIRANTES (Prefeitura). **Plano Municipal de Recursos Hídricos**. 2011. Relatório.

BARBOSA, C. C. F.; NOVO, E. M. L. M.; MARTINS, V. S. (Ed.). **Introdução ao sensoriamento remoto de sistemas aquáticos**: princípios e aplicações. São José dos Campos: Inpe, 2019.

BERK, A. et al. **Next Generation MODTRAN® for Improved Atmospheric Correction of Spectral Imagery**. Burlington: Spectral Sciences, 29 jan. 2016. Final Report.

BOWKER, D. E. et al. **Spectral Reflectances of Natural Targets for Use in Remote Sensing Studies**. Hampton: Nasa, 1985.

BRASIL. Lei n. 12.651, de 25 de maio de 2012. **Diário Oficial da União**, Brasília, DF, 28 maio 2012. Disponível em: <https://www2.camara.leg.br/legin/fed/lei/2012/lei-12651-25-maio-2012-613076-publicacaooriginal-136199-pl.html>. Acesso em: 7 abr. 2022.

BRASIL. Ministério da Ciência, Tecnologia. Portaria n. 897, de 3 de dezembro de 2008. **Diário Oficial da União**, Brasília, DF, 4 dez. 2008. Disponível em: <https://repositorio.mctic.gov.br/handle/mctic/2029>. Acesso em: 8 set. 2022.

CÂMARA, G. S. et al. Spring: Integrating Remote Sensing and GIS by Object-Oriented Data Modelling. **Computers & Graphics**, v. 20, n. 3, p. 395-403, May/June 1996.

CANDEIAS. A. L. B. et al. Morfologia matemática na extração de bordas de uma imagem IKONOS-2 RGB fusionada. **Revista Brasileira de Geomática**, Pato Branco, v. 4, n. 1, p. 22-31, jan./abr. 2016. Disponível em: <https://periodicos.utfpr.edu.br/rbgeo/article/view/5474>. Acesso em: 7 abr. 2022.

CENTURIÓN, M. **Conteúdo e metodologia da matemática**: números e operações. 2. ed. São Paulo: Scipione, 2002.

CHAVEZ JR., P. S. An Improved Dark-Object Subtraction Technique for Atmospheric Scattering Correction of Multispectral Data. **Remote Sensing of Environment**, v. 24, n. 3, p. 459-479, Apr. 1988.

COHEN, W. B. et al. An Improved Strategy for Regression of Biophysical Variables and Landsat ETM+ Data. **Remote Sensing of Environment**, v. 84, n. 4, p. 561-571, Apr. 2003.

CONDIT, H. R. The Spectral Reflectance of American Soils. **Photogrammetric Engineering**, p. 955-966, 1970.

CRÓSTA, A. P. **Processamento digital de imagens de sensoriamento remoto**. 3. ed. Campinas: IG Unicamp, 1992.

CURRAN, P. J. **Principles of Remote Sensing**. London: Longman, 1985.

DORIGO, W. A. et al. A Review on Reflective Remote Sensing and Data Assimilation Techniques for Enhanced Agroecosystem Modeling. **International Journal of Applied Earth Observation and Geoinformation**, v. 9, n. 2, p. 165-193, May 2007.

DOXANI, G. et al. Atmospheric Correction Inter-Comparison Exercise. **Remote Sensing**, v. 10, n. 352, 2018.

DUTRA, L. V. et al. **Análise automática de imagens multiespectrais**. São José dos Campos: Inpe, 1981.

ESRI – Environmental Systems Research Institute. **Sobre o ArcGIS**. Disponível em: <https://www.img.com.br/pt-br/arcgis/visao-geral/visao-geral>. Acesso em: 1º out. 2021.

FISH, J. P.; CARR, H. A. **Sound Underwater Images**: a Guide to the Generation and Interpretation of Side Scan Sonar Data. Orleans: Lower Cape Publishing, 1990.

FLORENZANO, T. G. et al. Multiplicação e adição de imagens Landsat no realce de feições da paisagem. In: SIMPÓSIO BRASILEIRO DE

SENSORIAMENTO REMOTO, 10., 2001, Foz do Iguaçu. **Anais**... São José dos Campos: Inpe, 2001. p. 1257-1263. Disponível em: <http://marte.sid.inpe.br/col/dpi.inpe.br/lise/2001/09.20.17.39/doc/1257.1263.197.pdf>. Acesso em: 25 abr. 2022.

FLORENZANO, T. G. **Iniciação em sensoriamento remoto**. 3. ed. São Paulo: Oficina de Textos, 2011.

FORGY, E. Cluster Analysis of Multivariate Data: Efficiency vs. Interpretability of Classifications. **Biometrics**, v. 21, p. 768-780, 1965.

FORMAGGIO, A. R.; SANCHES, I. D. **Sensoriamento remoto em agricultura**. São Paulo: Oficina de Textos, 2017.

GAIDA, W. et al. Correção atmosférica em sensoriamento remoto: uma revisão. **Revista Brasileira de Geografia Física**, v. 13, n. 1, p. 229-248, 2020. Disponível em: <https://periodicos.ufpe.br/revistas/rbgfe/article/download/242735/34803>. Acesso em: 7 abr. 2022.

GALPARSORO, L. de U.; FERNÁNDEZ, S. P. Medidas de concordancia: el índice de Kappa. **Cadernos de Atención Primaria**, v. 6, p. 169-171, 2001.

GAO, B.-C. et al. Atmospheric Correction Algorithms for Hyperspectral Remote Sensing Data of Land and Ocean. **Remote Sensing of Environment**, v. 113, n. 13, p. S17-S24, Sept. 2009.

GITELSON, A. et al. Quantitative Remote Sensing Methods for Real-Time Monitoring of Inland Waters Quality. **International Journal of Remote Sensing**, v. 14, n. 7, p. 1269-1295, 1993.

GOETZ, A. F. H.; ROWAN, L. C. Geologic Remote Sensing. **Science**, Washington, v. 211, n. 4.484, p. 781-791, Feb. 1981.

IBGE – Instituto Brasileiro de Geografia e Estatística. **Introdução ao processamento digital de imagens**. Rio de Janeiro, 2001. Disponível em: <https://biblioteca.ibge.gov.br/visualizacao/livros/liv780.pdf>. Acesso em: 26 abr. 2022.

INPE – Instituto Nacional de Pesquisas Espaciais. **CBERS 04A**. 6 dez. 2019. Disponível em: <http://www.cbers.inpe.br/sobre/cbers04a.php>. Acesso em: 25 abr. 2022.

INPE – Instituto Nacional de Pesquisas Espaciais. **Classificação de imagens segmentadas**: classificadores por regiões. Ajuda do programa Spring. 2022a.

INPE – Instituto Nacional de Pesquisas Espaciais. **Divisão de geração de imagens**. Disponível em: <http://www2.dgi.inpe.br/catalogo/explore>. Acesso em: 6. Jul. 2001a.

INPE – Instituto Nacional de Pesquisas Espaciais. **História**. 16 set. 2021b. Disponível em: <https://www.gov.br/inpe/pt-br/acesso-a-informacao/institucional/historia>. Acesso em: 30 mar. 2022.

INPE – Instituto Nacional de Pesquisas Espaciais. **Introdução ao geoprocessamento**. Disponível em: <http://www.dpi.inpe.br/spring/portugues/tutorial/introducao_geo.html>. Acesso em: 26 abr. 2022b.

INPE – Instituto Nacional de Pesquisas Espaciais. **O que é o SPRING?** Disponível em: <http://www.dpi.inpe.br/spring/portugues/index.html>. Acesso em: 26 abr. 2022c.

INPE – Instituto Nacional de Pesquisas Espaciais. **Quem é quem**. 22 mar. 2022d. Disponível em: <https://www.gov.br/inpe/pt-br/acesso-a-informacao/institucional/quem-e-quem>. Acesso em: 1º fev. 2022.

INPE – Instituto Nacional de Pesquisas Espaciais. **Spring**: tutorial de geoprocessamento. São José dos Campos: Inpe, 2009. Disponível em: <http://www.dpi.inpe.br/spring/portugues/tutorial/index.html>. Acesso em: 27 abr. 2022.

ITANHAÉM (Prefeitura). **Plano de Manejo de Águas Pluviais de Bacias Urbanas**. 2017. Relatório.

JENSEN, J. R. **Sensoriamento remoto do ambiente**: uma perspectiva em recursos terrestres. Tradução de J. C. N. Epiphanio et al. São José dos Campos: Parêntese, 2009.

LANTZANAKIS, G.; MITRAKA, Z.; CHRYSOULAKIS, N. Comparison of Physically and Image Based Atmospheric Correction Methods for Sentinel-2 Satellite Imagery. In: KARACOSTAS, T. S.; BAIS, A. F.; NASTOS, P. T. (Ed.). **Perspectives on Atmospheric Sciences**. Basel: Springer International Publishing, 2017. p. 255-261.

LEÃO, C. et al. Avaliação de métodos de classificação em imagens TM/Landsat e CCD/CBERS para o mapeamento do uso e cobertura da terra na região costeira do extremo sul da Bahia. In: SIMPÓSIO BRASILEIRO DE SENSORIAMENTO REMOTO, 13., 2007, Florianópolis. **Anais...** São José dos Campos, Inpe, 2007. p. 939-946. Disponível em: <http://marte.sid.inpe.br/col/dpi.inpe.br/sbsr@80/2006/11.15.01.10/doc/939-946.pdf>. Acesso em: 8 set. 2022.

LORENZZETTI, J. A. **Princípios físicos de sensoriamento remoto**. São Paulo: Blucher, 2015.

MATHER, P. M. **Computer Processing of Remotely-Sensed Images:** an Introduction. Chichester: J. Wiley & Sons, 1987.

MEMARSADEGHI, N. et al. A Fast Implementation of the ISODATA Clustering Algorithm. **International Journal of Computational Geometry and Applications,** v. 17, n. 1, p. 71-103, Feb. 2007.

MENESES, P. R.; SANO, E. E. Classificação pixel a pixel de imagens. In: MENESES, P. R.; ALMEIDA, T. de (Org.). **Introdução ao processamento de imagens de sensoriamento remoto.** Brasília: Ed. da UNB, 2012. p. 191-208.

MENESES, P. R.; SANTA ROSA, A. N. de C. Filtragem. In: MENESES, P. R.; ALMEIDA, T. de (Org.). **Introdução ao processamento de imagens de sensoriamento remoto.** Brasília: Ed. da UNB, 2012. p. 168-190.

MORAES, E. C. **Fundamentos de sensoriamento remoto.** São José dos Campos: DSR/Inpe, 2002.

MOSES, W. J. et al. Atmospheric Correction for Inland Water. In: MISHRA, D. R.; OGASHAWARA, I.; GITELSON, A. A. (Ed.). **Bio-Optical Modeling and Remote Sensing of Inland Waters.** Amsterdam: Elsevier, 2017. p. 69-94.

NARVAES, I. S.; SANTOS, J. R. Avaliação de algoritmos de classificação supervisionada para imagens do Cbers-2 da Região do Parque Estadual do Rio Doce-MG. In: SIMPÓSIO BRASILEIRO DE SENSORIAMENTO REMOTO, 13., 2007, Florianópolis. **Anais...** São José dos Campos: Inpe, 2007. p. 6223-6228.

NOVO, E. M. L. de M. **Sensoriamento remoto:** princípios e aplicações. 4. ed. São Paulo: Blucher, 2010.

ODERMATT, D. et al. Review of Constituent Retrieval in Optically Deep and Complex Waters from Satellite Imagery. **Remote Sensing of Environment,** v. 118, n. 22, p. 116-126, Mar. 2012.

OLIVEIRA, B. S.; MATAVELI, G. A. V. Avaliação do desempenho dos classificadores Isoseg e Bhattacharya para o mapeamento de áreas de cana-de-açúcar no município de Barretos-SP. Disponível em: <>. Acesso em: 8 set. 2022. In: SIMPÓSIO BRASILEIRO DE SENSORIAMENTO REMOTO, 16., 2013, Foz do Iguaçu. **Anais...** São José dos Campos: Inpe, 2013. p. 89-96.

PAULA, M. R. de et al. Resposta espectral da água com diferentes concentrações de sólidos em suspensão. **RA'EGA,** Curitiba, v. 50, p. 170-182, abr. 2021. Disponível em: <https://revistas.ufpr.br/raega/article/view/77005/43327>. Acesso em: 7 abr. 2022.

POPESCU, G.; IORDAN, D. An Overall View of LiDAR and SONAR Systems Used in Geomatics Applications for Hydrology. **Scientific Papers – Land Reclamation, Earth Observation & Surveying, Environmental Engineering,** v. 7, p. 174-181, 2018.

QGIS – Quantum Geographic Information System. **QGIS – A liderança do SIG de código aberto**. Disponível em: <https://qgis.org/pt_BR/site/about/index.html>. Acesso em: 7 abr. 2022.

RICHARDS, J. A. **Remote Sensing Digital Image Analysis**: an Introduction. Berlin: Springer-Verlag, 1986.

ROUSE, J. W. et al. Monitoring Vegetation Systems in the Great Plains with Erts. In: THIRD ERTS SYMPOSIUM, NASA SP-351 I, p. 309-317, 1973.

RUBIN, J. Optimal Classification into Groups: an Approach for Solving the Taxonomy Problem. **Journal of Theoretical Biology**, v. 15, n. 1, p. 103-144, Apr. 1967.

SANTOS, M. A. da S. Olho humano: um instrumento óptico. **Mundo Educação**. Disponível em: <https://mundoeducacao.uol.com.br/fisica/olho-humano-um-instrumento-optico.htm#>. Acesso em: 26 abr. 2022.

SCHOWENGERDT, R. A. **Techniques for Image Processing and Classification in Remote Sensing**. New York: Academic Press, 1983.

SHI, K. et al. Long-term Remote Monitoring of Total Suspended Matter Concentration in Lake Taihu using 250 m MODIS-Aqua Data. **Remote Sensing of Environment**, v. 164, p. 43-56, July 2015.

STONER, E. R.; BAUMGARDNER, M. F. **Physiochemical, Site and Bidirectional Reflectance Factor Characteristics of Uniformly Moist Soils**. West Lafayette: Pardue University, 1980.

TIAN, L. et al. Assessment of Total Suspended Sediment Distribution under Varying Tidal Conditions in Deep Bay: Initial Results from HJ-1A/1B Satellite CCD Images. **Remote Sensing**, v. 6, p. 9911-9929, 2014.

VERMOTE, E. F. et al. Second Simulation of the Satellite Signal in the Solar Spectrum, 6S: an Overview. **IEEE Transactions on Geoscience and Remote Sensing**, v. 35, n. 3, p. 675-686, May 1997.

WATRIN, O. dos S.; SANTOS, J. R. dos; VALÉRIO FILHO, M. Análise da dinâmica na paisagem do nordeste paraense através de técnicas de geoprocessamento. In: SIMPÓSIO BRASILEIRO DE SENSORIAMENTO REMOTO, 8., 1996, Salvador. **Anais**... São José dos Campos: Inpe, 1996. p. 427-433. Disponível em: <http://marte.sid.inpe.br/col/sid.inpe.br/deise/1999/01.27.16.24/doc/T55.pdf>. Acesso em: 25 abr. 2022.

Bibliografia comentada

ASSAD, E. D.; SANO, E. E. (Ed.). **Sistema de informações geográficas**: aplicações na agricultura. 2. ed. Brasília: Embrapa, 1998.

Neste livro, o leitor encontrará uma série de exemplos que ilustram, de forma didática e real, diversas situações que demostram as mais frequentes aplicações dos SIGs à agricultura e a outras temáticas ambientais e geográficas. A intenção dos autores foi fornecer fundamentos para que o leitor possa extrair e construir conhecimentos básicos e aplicá-los em estudos e projetos próprios. Os exemplos foram formulados para a aplicação dos SIGs sem as complexidades da matemática ou da computação envolvidas na técnica, por isso é uma obra de fácil entendimento e compreensão.

CRÓSTA, A. P. **Processamento digital de imagens de sensoriamento remoto**. 3. ed. Campinas: IG Unicamp, 1992.

Este livro foi elaborado, em sua época, com objetivo de suprir parcialmente a carência de literatura em português voltada para o usuário de sensoriamento remoto que deseja extrair o máximo possível da informação contida em imagens digitais. Logo, a obra aborda as principais técnicas de processamento digital de imagens sob o ponto de vista dos conceitos teóricos envolvidos, e não dos conceitos matemáticos. Além disso, trata de aspectos da aplicação dessas técnicas à solução de problemas comuns em processamento de imagens de sensoriamento remoto, buscando atingir a maior parte dos usuários que as utilizam.

FLORENZANO, T. G. **Iniciação em sensoriamento remoto**. 3. ed. São Paulo: Oficina de Textos, 2011.

Este livro traz informações básicas sobre sensoriamento remoto, apresentando conceitos básicos como aquisição de imagens e descrição de tipos de sensores e satélites, destacando o programa espacial brasileiro. Aborda também a relação entre imagens de satélite e mapas, processamento e interpretação de imagens e sua contribuição para o estudo de fenômenos ambientais naturais ou antrópicos. Traz, ainda, o uso do sensoriamento remoto como recurso didático.

LORENZZETTI, J. A. **Princípios físicos de sensoriamento remoto**. São Paulo: Blucher, 2015.

Esta obra tem como principal objetivo apresentar ao leitor os conceitos fundamentais da física do sensoriamento remoto. Permite, desse modo, um aprofundamento nos temas e conceitos, fazendo com que o leitor seja mais que um usuário qualitativo das imagens e passe a ter a capacidade de formular interpretações baseadas em princípios científicos e fatos, obtendo um conhecimento sólido sobre os princípios físicos do sensoriamento remoto.

NOVO, E. M. L. de M. **Sensoriamento remoto**: princípios e aplicações. 4. ed. São Paulo: Blucher, 2010.

Esta obra é um dos clássicos da temática no Brasil. Traz os princípios físicos básicos para se entender o sensoriamento remoto, incluindo as interações entre energia e matéria, generalidades e conceitos básicos sobre os sistemas sensores, os níveis de aquisição das informações, o comportamento espectral dos alvos e alguns métodos de extração de informações.

Respostas

Capítulo 1

Atividades de autoavaliação

1. e
2. b
3. c
4. e
5. d

Questões para reflexão

1. A REM tem um comportamento de propagação em forma de ondas, as quais podem ser chamadas de *ondas eletromagnéticas* (OEM), com atuação concomitante do campo elétrico e do campo magnético. A variabilidade no tempo do campo elétrico induz perpendicularmente o surgimento do campo magnético, possibilitando suas sustentações.

2. A faixa visível do espectro eletromagnético apresenta como principal característica o fato de ser a única faixa captada pelo olho humano, o que permite a distinção das cores na natureza. Nesse caso, são refletidas as cores violeta, azul, verde, amarela, alaranjada e vermelha, com todas as variações constantes nos comprimentos de ondas que vão de 0,38 μm até 0,76 μm.

3. As características mais importantes para o processamento digital das imagens são: resolução espacial, resolução espectral, resolução radiométrica e resolução temporal.

4. Um grande avanço histórico é a possibilidade de se fazer levantamentos e reconhecimento estratégico dos territórios com rapidez e precisão, os quais são importantes para estudos de planejamento ambiental e urbano e para a gestão e a proteção do território.

Capítulo 2

Atividades de autoavaliação

1. c
2. a
3. d
4. e
5. e

Questões para reflexão

1. Ocorre na faixa de 0,65 μm.

2. Partindo do pressuposto de que toda imagem deveria ter pixels de valores digitais iguais a zero, por conta do efeito de sombreamentos, deve-se subtrair o valor referente ao pixel de menor valor encontrado até que este chegue a zero. Nesse caso, o menor valor representa a quantidade de interferência de reflectância da atmosfera nos pixels.

3. Operações mínimo/máximo, linear, raiz quadrada, quadrado, logarítmica, negativo e equalização de histograma.

4. Em uma análise visual, devem ser verificadas características de cor, tonalidade, textura, padrão, localização, tamanho, forma e sombra.

Capítulo 3

Atividades de autoavaliação

1. c

2. a

3. d

4. b

5. b

Questões para reflexão

1. Tal filtro utiliza máscaras de média 3 por 3, 5 por 5 e 7 por 7.

2. O percentual de autovalor representa a porcentagem de informações das imagens utilizadas que fazem parte do componente em questão.

3. Os filtros são importantes para se identificar mudança de padrões e ter certeza de que tais mudanças não são pixels ruidosos.

Capítulo 4

Atividades de autoavaliação

1. b

2. b

3. c

4. c

5. d

Questões para reflexão

1. RGB, CMY e IHS.

2. Vermelho (R), verde (G) e azul (B).

3. Porque quanto maior a quantidade de níveis de cinza, maior o espaço existente para a variação de tonalidades de cores.

Capítulo 5

Atividades de autoavaliação

1. a

2. b

3. b

4. c

5. c

Questões para reflexão

1. As classificações podem ser feitas pixel a pixel ou por crescimento de regiões, de maneira supervisionada ou não supervisionada, em uma imagem que contenha uma banda específica ou em uma composição de diferentes bandas.

2. Considera-se classificação não supervisionada a técnica de separação automática dos pixels de uma imagem com a utilização de algoritmos específicos, que não necessitam do conhecimento prévio do analista sobre a área a ser classificada.

3. Paralelepípedo, distância euclidiana e máxima verossimilhança (Maxver).

4. Identificação prévia de alvos; coleta de amostras de treinamento em quantidades relevantes; possível segmentação da imagem; e processos de pós-classificação.

Capítulo 6

Atividades de autoavaliação

1. c

2. d

3. e

4. b

5. c

Questões para reflexão

1. Satélite CBERS-4, câmera multiespectral regular (MUX), bandas 5, 6 e 7 de absorção, correspondentes às faixas do azul, verde e vermelho, respectivamente.
Com tais combinações, é possível diferenciar os tipos de alterações, se são de matérias orgânicas, minerais, entre outras, de acordo com o comportamento espectral dos alvos.

2. A classificação de imagens de satélite teve como objetivo a identificação de padrões de ocupação que permitiram identificar a localização de construções em áreas de preservação permanente e com risco de inundação.

3. Agricultura de precisão e identificação de áreas de desmatamento, de focos de queimada e de áreas degradadas, entre outras possibilidades de estudo.

Sobre o autor

Marcelo Gonçalves é doutor em Geografia (2016) pela Universidade Estadual de Londrina (UEL), onde defendeu a tese "Geossistema, território e paisagem aplicados à análise de risco de ocorrência de desastres naturais no Estado do Paraná"; mestre em Geografia, Meio Ambiente e Desenvolvimento (2009) também pela UEL; bacharel e licenciado em Geografia (2005) pela mesma instituição. Atualmente, é professor adjunto da UEL nas disciplinas de Processamento Digital de Imagens, Geoprocessamento e Políticas de Gestão Territorial. Também é consultor de organismos internacionais. Tem experiência na área de geociências, com ênfase em geoprocessamento, análise urbana, planejamento e gestão territorial.

Impressão:
Janeiro/2023